JN196195

基地引き取りで暴力を断つ

沖縄人として日本人を生きる

金城 馨

はじめに

京都にロシナンテ社という小さな小さな会社があります。『月刊むすぶ』（旧誌名『月刊地域闘争』）というマイナーな雑誌を出すことを生業としています。この雑誌は1970年創刊。当時、この国は公害列島と言われていました。経済成長を追求するために全国に工場が立ち並び、環境破壊が深刻な問題になっていました。水俣病や四日市ぜんそくなどに対し、各地の住民は徒手空拳で立ち上がりました。あちこちに住民運動が始まりました。そんな運動体のネットワークとして『月刊地域闘争』は誕生したのです。この雑誌を発行し続けるためにロシナンテ社は設立されました。私はそんな会社で働いてきました。本当に儲からない会社です。

この会社、図体は小さいですが、かなりのネットワークを築き上げてきました。環境問題、健康、医療、子育てなどから人権問題と本当に広大な裾野を持っています。

そんなロシナンテ社は、ある時、金城馨さんと出会いました。彼は、言います。「いつまで沖縄に米軍基地があるんだ」「平和運動は、本当に沖縄の基地をなくせる行動をやってきたのか」「復帰から40年以上。どうして基地がなくならないんだ」

毎年、5月。全国から平和の願いを訴えるために人々が集まります。それが年中行事になってしまうんです。参加者が「沖縄の皆さんと連帯して頑張ります!」「これ以上、沖縄の皆さんに基地負担を押し付けることは許されない!」

でも基地は存続し続けるんです。

戦後、日本列島には米軍基地があちこちに建設されました。当然ですが、地元住民は反発します。結果、基地は、当時占領下にあった沖縄に移設されるんです。

そんな歴史を忘れたかのように「沖縄の皆さんと連帯して!」と言われると、誰でも「オイオイ、お前さんとこにあったものが沖縄にあるんだよ」「持って帰ってくれ」と言いたくなるのは当然です。

金城さんは言います。

「沖縄の基地を引き取りませんか?」

この本は、そんな内容です。この金城さんたちの声に共鳴した高橋哲哉さんとの対談も所載しています。この本を読んで、是非、いろんなご意見をお寄せ下さい。お待ちしています。明日のために議論を深めませんか。

しかた さとし

もくじ

絵……馬返順子
写真……32頁、33頁以外は、しかたさとし撮影

第一部

沖縄と大正区

――多数者の正しさという暴力に抗して

金城 馨

生ビール

平尾本通り商店街：なんとなく沖縄が匂っています

大阪湾に浮かぶ水の島・大正区
～沖縄心に風が吹くまち～

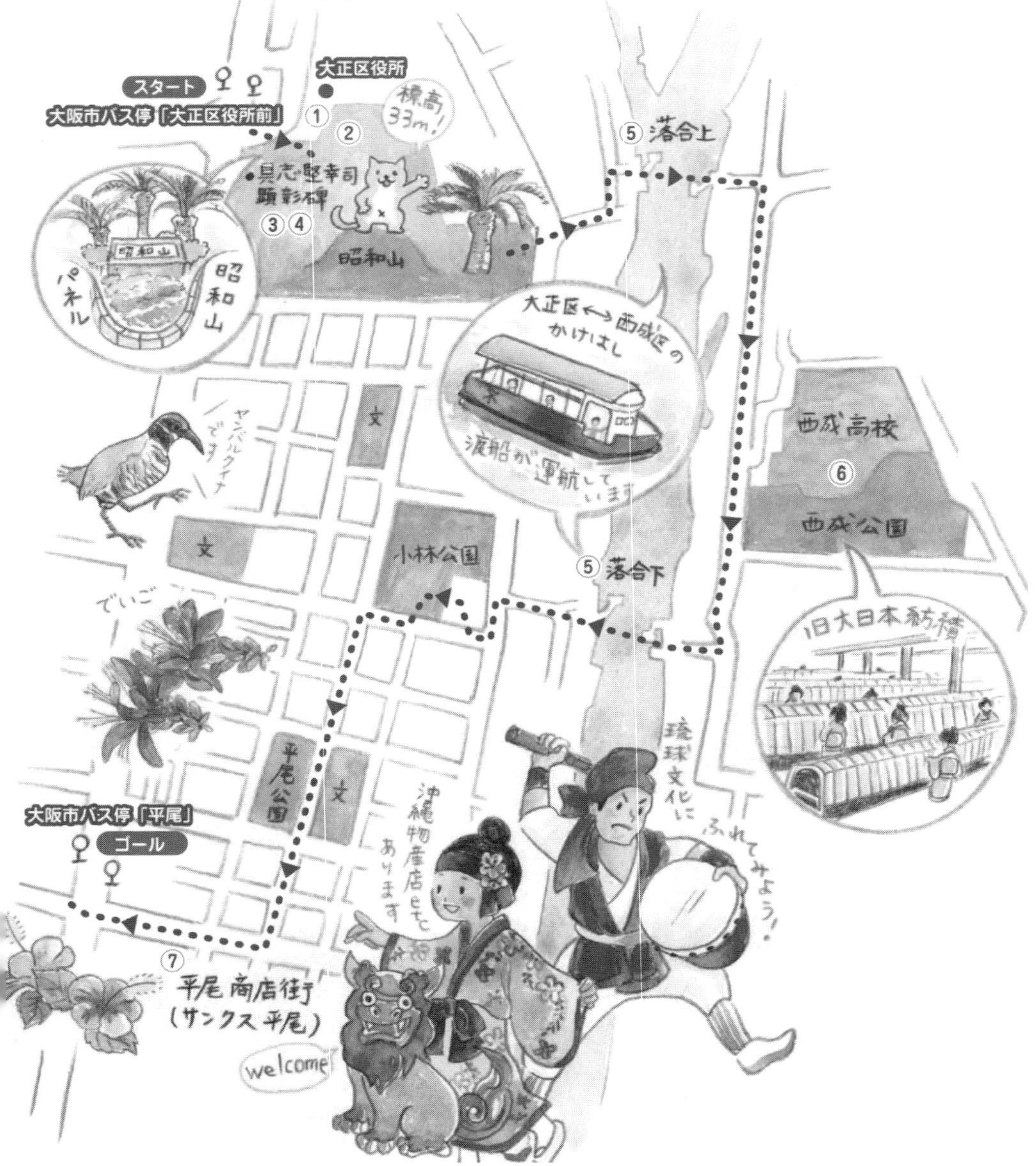

© 一般社団法人大阪あそ歩委員会作成の「マップ・解説文」の一部を修正しました。

大阪あそ歩《ぼ》

OSAKA ASOBO®

① 大正区コミュニティセンターと昭和山

大正区コミュニティセンター1階ロビーには「大正区立体地図」があり、大正区が「島」であることが実感できます。また2階にはガイドマップをはじめ、大正区の詳しい情報を得ることができ、噴水広場南側の「江戸時代の大正区の風景」(パネル)を見ると、多くの船が行き交う海の入口だったことがよくわかります。17世紀から19世紀にかけて琉球王国の一行は、木津川口から川船に乗り換え、京に向ったといいます。地下鉄工事の残土など約170万立方メートル(ダンプカー50万台)の土砂で造られた昭和山(標高33メートル)頂上からは六甲、葛城、金剛の山並みが一望できます。

② ソテツと出稼ぎ

第1次世界大戦後、日本は深刻な不況に陥りました。沖縄でも砂糖価格が暴落して大打撃を受け、毒を含むソテツの実や幹を食べて飢えをしのぐ有り様でした(「美味しかった」と語るおばあさんもいます)。生きる術をもとめて多くのウチナーンチュが阪神間の製紙・紡績などの工業労働者となり、生活を切り詰めて沖縄に送金を続けました。いまでも古老たちは昭和山のソテツを見ると、複雑な想いを抱くそうですが、それでも心が沖縄に帰っていくといいます。

③ 具志堅幸司顕彰碑

具志堅幸司は大正区出身のオリンピック・ロサンゼルス大会体操競技金メダリストで、顕彰碑は沖縄出身者によって建立されました。沖縄では皇民化教育が進むと、生活風俗をヤマト風に改めようとする動きが激しくなり、名前も日本式に変えるようになりました。「朝鮮人・琉球人お断り」という張り紙が出されて、仕事に就けず、アパートにも入れなかったウチナーンチュが、なんとか生きのびるための手段だったといえます。

④「でいご」とウチナーンチュ

出稼ぎでやって来た多くのウチナーンチュは、なかなか生まれ故郷・沖縄に帰ることができませんでした。「帰りたくとも帰れない」と沖縄への想いは募り、多くの歌が大阪で生まれます。太平マルフクレコードを作った譜久原朝喜はその代表的人物のひとりで、沖縄を音にしてウチナーンチュの心に届けました。1世紀が過ぎ、大阪は第2のふるさととなりました。生きている間に混ざることはなかった思いも、いま長い年月を経て、静かに土の中で混ざり合っていきます。毎年夏になると10本のでいごの花が片隅でうたうように咲きはじめます。

⑤ 落合上と下渡船場

大阪市内には8か所の渡船場があり、そのうちの7か所が大正区にあります。渡し船は江戸時代から始まっていますが、いまも大切な役割をはたしています。大正区の渡船場はその他に千歳・甚兵衛・船町・千本松・木津川とあります。

⑥ 日本の近代化と紡績

西成高校および西成公園は、元は大日本紡績の木津川工場があったところです。日本近代の工業化は紡績産業の発展から始まりました。その中心を担ったのが明治16年(1883)に大正区三軒家村に出来た大阪紡績の三軒家工場です。昭和4年(1929)には大阪港からの綿製品の輸出額が、イギリスを押さえて世界第1位となり、大阪は「東洋のマンチェスター」とまで呼ばれるようになります。大阪紡績は他社と合併して世界最大の紡績会社に発展しましたが、しかし、戦争の激化とともに三軒家工場は軍需工場に転換させられ、昭和20年(1945)3月の大阪大空襲で無塵と化しました。

⑦ 平尾商店街とその周辺

沖縄物産店が見られる商店街として有名です。店先には沖縄の伝説の獣シーサーがいたり、精肉店には沖縄料理に欠かせない豚の「てぃびち」(足)「中身」(内臓)などが当然のように置かれています。沖縄物産店以外の店にも、沖縄関連の商品が見受けられて、地域住民の生活と沖縄文化が密着しているのがよくわかります。また商店街周辺を歩くと「沖縄そば」という文字がとび込んできますが、食事をしながら沖縄民謡をライブで聞けるといった店も増えています。琉球舞踊の稽古場、三線教室、琉球空手道場などがあり、大阪の地元の生徒も増加しています。

沖縄が漂う大正区

■関西沖縄文庫はこんな場です

金城馨さんは大阪市大正区で関西沖縄文庫を主宰しています。そこはどんな場かといいますと……

「大阪市大正区は住民の約二割が沖縄出身者とされ『ウチナーンチュの街』ともよばれる。路地を歩けば、魔除けのシーサーを置いた家々があり、時折、三線（サンシン）の音が聞こえてくる。沖縄料理店、舞踊の研究所、三線教室、空手道場など、沖縄文化を伝える場所も多い。」（『朝日新聞』１９９７年７月９日）という、街としてマスコミに紹介されたりして注目を集めています。

このような大正区に拠点を持つ関西沖縄文庫は、１９８５年から関西沖縄文庫というスペースで文化活動を中心に活動しています。主な活動は６千冊に及ぶ沖

関西沖縄文庫
かじまや
沖縄物産販売

縄のみならず先島・奄美諸島に及ぶ、図書の貸し出し、大正区のフィールドワーク、定期的に関西沖縄文庫内で行われるライブ、三線教室などです。

関西沖縄文庫は、ここにある沖縄の音、映像、本という様々な資料を通じて、いろいろな角度から沖縄を見つめる場所として存在します。ここにある沖縄の空気を媒介して、大きく呼吸することができるのではないかと考えています。関西沖縄文庫を通じて行われる地域に根ざした文化活動は、沖縄から離れた本土に住んでいると遠のいて感じる沖縄の痛み、その沖縄の痛みを忘れないために行っております。

三線会を例に取ると以前はウチナーンチュだけでしたが、現在では、ヤマトンチュの参加者もかなり多いです。このようにここは、ヤマトンチュと自分達のアイデンティティを求めるウチナーンチュが出会い、交わり、ぶつかり合う場所にもなっています。

沖縄について興味のある人、また2世、3世などでも沖縄への関心がある人など気軽に来て下さい。関西沖縄文庫を通じ一緒に、何かを生み出そう！と文庫に興味を持たれた方は、いちど「関西沖縄文庫」の空気にふれてみるのも良いかもしれません。また、同時に会員も募集しています。

（関西沖縄文庫ＨＰより）

南に住之江区、東に西成区、北は西区、西は港区。これが大正区のロケーションです。関西沖縄文庫の最寄り駅はJR大正です。この駅から北へ橋を渡ればドーム球場などあたらしく開発された地区です。そのすぐそばには中小零細企業が軒を並べています。戦後の労働運動で特筆されるべき争議を闘い抜いた全金田中労組がこの工場街の中にあります。経営陣の解雇、倒産の攻撃に工場占拠、自主生産で労働の場を守り抜いた闘いです。そして西成区は釜ヶ崎で有名な労働者の街です。

関西沖縄文庫は大正駅からバスで10分ほど、小林で下車です。金城さんはこの文庫を足場にして、沖縄の思いをヤマトへ伝えようと日々、活動を重ねています。だからいろんな団体から沖縄、大正区をテーマに講演やフィールドワークのガイドを頼まれるのです。そんな金城さんがガイドを務めるフィールドワークへ同行させていただきました。

（しかた さとし）

■海が大正区（大阪）と沖縄をつなげています

大正区は地形的には海に面しています。だから外からいろんなものが入ってくる場所でした。江戸時代にはもともと日本ではない琉球があったんですね。その琉球の時代にも大正区に琉球から船は来ています。琉球から江戸のぼり、江戸立ちともいいますが、江戸へ数百人が琉球使節として向かいます。国王や将軍の代替わりを名目としていました。その途中、木津川口に着いたという記述・絵図があります。京へ向かうために淀川を上っていきます。その経由地に当たったわけです。17〜18回の江戸のぼりがあったと記録されています。

海に面したこの地域は、いろんな人たちがここへ漂着し、そして移動していく、戻っていく。多様性を秘めた地域だと思います。

大正区には産業として北側にまず紡績業がありました。大阪紡績が三軒家に工場を作ったのが1880年代です。通称、三軒家紡績といわれるほど存在感の大きな工場でした。その跡地の一部が公園になって、現在、日本の近代紡績の発祥の地という碑が建っています。19世紀末から20世紀初頭にかけての産業界の大物である渋沢栄一が関わっている重要な会社の一つです。ここには沖縄から多くの人が働きに来ています。区の真ん中辺りには材木関係の産業がありました。今、住之江区の平林に材木の貯木池がありますが、そこに移る前は大正区に貯木池がありました。

昭和山があるこの千島公園内辺りも元は大きな貯木池でした。材木を浮かして貯木している池があちこちにありました。それを運河がつないでいました。材木の運搬業、担ぐという仕事がありました。区の南のほうに行くと造船所とか鉄鋼所があります。ここにはそ

具志堅幸司顕彰碑：
1956 年大阪市大正区生まれ。体操選手。ロサンゼルス五輪で個人総合とつり輪で金メダル、跳馬で銀メダル、団体総合と鉄棒で銅メダルを獲得。現在、日本体育大学学長。

んなに沖縄の人は多くはいなかったみたいです。沖縄から来た人たちは紡績と材木関係の仕事に就くことになります。そしてその近くに定住していきます。それが大正区の沖縄人の原点につながります。

■具志堅という名前から考えてみます

この碑には、具志堅幸司という名前が書かれています。オリンピックの体操で金メダルを取っています。大正区出身です。だから大阪出身の人が金メダルを取ったというイメージが強いと思います。しかし具志堅という名前から分かるように沖縄出身でもあるわけです。沖縄から出てきた一世の子どもの世代です。だから彼のルーツは沖縄です。大阪で生まれ育ったという部分も含まれているわけです。そういう意味で二つのルーツがあるように感じられます。だから沖縄人の中では、彼のことを沖縄二世と呼びます。アメリカへ行った日本人が日系一世、二世、三世というのと同じ感覚です。

具志堅といえば、もう一人、有名な人がいますよね。具志堅用高ですね。あのキャラクターで、幸司さんより目立っています。「ちょっちゅね」と日本語的ではない言葉を堂々と使っています。沖縄的な表現を連発する人です。沖縄にはああいうタイプの人は結構います。

しかし大阪に来た多くの沖縄人はその沖縄的であったことで差別を受けるという体験を

します。沖縄人であること。標準語的でない、日本語的でない。日本とは違う、異質であるということで差別され、苦しめられてきました。

世界チャンピオンになった具志堅用高は、リング外でも闘った。日本人の差別という反則パンチに対して、沖縄的表現（ジャブ）を連発（連打）することで、うち砕いてきた。そのことで日本人と対等に向き合う勇気をもたらした。

沖縄の人が大阪に来るようになったころ、分かりやすい形で現れるのが、職工募集、従業員募集と書いてある張り紙の但し書きに、「朝鮮人、琉球人お断り」と書いてあったそうです。露骨な差別によって迎えられたのです。

戦前、仕事を求めて大阪に出てきた沖縄の人たちにとって、働く場所を探して歩いても「職工募集。但し朝鮮人、琉球人お断り」と書かれていた。アパートを借りようとしても同じです。「空き部屋があります」と書かれていてもやはり「朝鮮人、琉球人はお断り」と書かれていた。その差別は、戦後にかけても続いていたといいます。

日本人だけの歴史から見たら分かりにくいかもしれないですが、沖縄人の歴史をたどることで日本社会のもう一つの歴史が見えてきます。沖縄人がたどった過去を知ってもらうことで日本はどんな社会か自分の責任として考えることが必要だと思います。

具志堅用高も「アパートを借りられなかった」体験をしています。興南高を卒業して、東京に出てきたころのエピソードとして話したりすることがあります。

それを彼が今も時にふれ、語るということは、彼の中にまだ日本社会への不安を持っていると思います。沖縄に対する直接的な差別は少なくなったように見えます。では、その差別のまなざしはどこへ向かったのか。新たに入ってくる外国人に対する差別に変わっている可能性があると思います。

ここで重要なことは、沖縄人に対する眼に見える形での差別が少なくなったからといって日本人が差別をやめたということではありません。違う形で差別しているという可能性もあると思います。差別をする側がまず差別を自覚し、その原因を突き止め、そして、差別をやめる具体的な行動を取らない限り、差別はなくならないのです。

■キンジョウですが本当はカナグスクです

例えば先ほど私は「キンジョウ」と紹介されました。それはある意味では正しいのですが、沖縄人として正しくないんです。

沖縄人としてなら「カナグスク」と言います。私たち沖縄人は「カナグスク」という発音をしていました。それをいつしか日本の正しさで呼ばれるようになっています。だから皆さんは日本の正しさを知っていますが、沖縄の正しさを知らないのです。沖縄の正しさと日本の正しさが違うということです。違っていて良いというなら「カナグスク」でいいはずです。

しかし違っていていいはずのものがなぜか、「キンジョウ」になるんです。それは学校の教育を通して「キンジョウ」、「カネシロ」のどちらかの発音を教えます。これが日本語の正しい読み方で、「カナグスク」という読み方を教わることはありません。日本という国が学校で教育するわけですから沖縄人にとっての正しい読み方は学校教育を通して否定されていきます。沖縄が日本でなかったころはそういうことはありませんでした。

今、お話ししたことは１８７９年以降の話です。１８７９年「琉球処分」（琉球併合）まではそんなことはありません。それまでは沖縄の言語、それが自分たちにとって正しい以前の普通に使う言語でした。それは単に違うだけです。

しかし正しさとはどういう形で現れるかというと、強い方が勝つということです。正しいということは、数が多い少ないでは、数が多いほうが力が強い。力が強い方の正しさに力の弱い方の正しさが潰されるということです。否定されていくということです。だから正しいということにしがみつくのは大変、危険だと思います。

そのようにして「カナグスク」が「キンジョウ」になり「カネシロ」になりました。そして漢字まで変えます。金城を「岩城（イワキ）」にした人がいます。自分の知り合いの具志堅さんの場合は「シムラ（志村）」という人がいます。比嘉さんは「日吉（ヒヨシ）」さんと名前を変えました。そのようにして本来の沖縄の発音も止めて、漢字まで変えてい

右：フィールドワークで説明をする金城馨
左：沖縄料理店の壁に掛けられた三線

くのです。そうやって日本人に近づく名前に変えていきます。日本人に迎合する。日本人に合わせる名前に変わっていくわけです。

何故か、それは日本に力があるからです。差別と暴力の日本社会の中で生きていこうとすると迎合しなくては生きていけない状況になるのです。対等に生きていこうとすると潰されかねないのです。

カナグスクでいいじゃないか、沖縄人として雇ってくれたらいいじゃないかと言っても雇ってくれないとお金を得ることができない。お金がなかったら食べものを買うこともできないし、アパートを借りることもできない。

■それでも生きていくんです

先人たちは日本社会でどう生きてきたのでしょうか。生きざるを得なかったのでしょうか。まず生きるということを考えた先人たちは生き方をいくつか選んでいきます。それを三つのパターンで見てみます。

一つ目は「そんな差別はやめろ」、「おかしいじゃないか」とまず異議を唱え、差別を止めさせようとします。それは人権という取り組みで一番、重要視していることですね。だけどそう簡単に差別を止めません。簡単には「はい、止めます」とはならない。

そうすると次は、差別をする側の生き方に合わせることになります。沖縄人だから仕事に就けないのだったら、沖縄人であることを隠すことになります。ばれないようにする。それで日本人のような名前に変えて就職する。アパートを借ります。生き延びるために考えられる二つ目です。

三つ目はそういう日本社会とはできるだけかかわらないで生活をするということです。それは沖縄人が助け合って固まって暮らす集落、つまり大阪の中に沖縄を作るということです。そして仕事も自分で作り出すのです。

どういうことかというと例えば養豚業です。豚を飼って大きくして、それを売って、生活にあてるのです。すなわち養豚、養鶏を手始めに仕事とし、そのそばにバラックの家を建てる。それが沖縄人集落になっていく。集住地域になっていくわけです。だけどそれは日本人が先に住んでいるところでは作れません。とんでもないことになります。

だから誰も住んでいないところを探したら水が溜まっているところが空いていた。そこへ住み始める。そうやって沖縄人集落が形成されていきます、大阪へ来た沖縄人は大体、今、言ったような経緯をたどることになると思います。

■一世と二世、三世の葛藤

ここでもまた説明させてもらいます。この花は何という花か分かりますか。時期がずれていますが、赤い花が咲いています。沖縄でよく見かける花です。デイゴです。沖縄の県花です。日本イコールサクラ。風土によって植物も違います。沖縄ではサクラよりデイゴ。

沖縄のサクラは1月に咲きます。種類も違います。カンヒザクラです。日本の教科書では、サクラが春に咲くと教わります。すると3月、4月ですね。そうなると沖縄ではピンとこないわけです。沖縄ではサクラは1月には咲いてしまっている。教科書の記述と沖縄の現実とは違う。沖縄にぴったりな花はデイゴです。

この公園のデイゴの花は沖縄県人会が植えました。10本くらい植えられています。大正区に沖縄人がいることを知ってほしかったのだと思います。私の母親も4年前に亡くなりましたが、10年間、寝たきりでした。その頃、車いすでこの公園を散歩すると「デイゴの花を見たい」と言っていました。デイゴを見たいという親の気持ちは沖縄に帰りたいという思いとつながっています。

沖縄から大阪へ出てきた人たちにとっては、大阪は仮の場所です。出稼ぎだから。でもいろんな事情で実際は戻れないんですね。どうしてかというと二世、三世の世代になると定住という概念が生まれます。一世が大阪に来て、30年くらいたっています。一世は戻ろうと考えていたと思いますが、それが30年くらいたつと子どもに子どもが生まれる、孫です。孫が学校へ通いだす。そうなると親である二世は自分の子どものために、ここで生活を続けたいとなってきます。ここから定住ということになる。定住という概念は、出稼ぎから30年ぐらい後に生まれるといえます。

ここで親と子どもは対等か。親と子どもの力関係は、子どもが小さい間は、親のほうが強い。もちろん養育の義務はあります。それでも「子どもは親の言うことを聞け」となります。親子関係はある意味で対等ではない。もしかしたら日常性の中ではもともと対等なものはほとんどないかもしれません。常にどちらかが強いという関係性が生まれてくる。それが悪いかどうかは場面によって判断するしかありません。子どもが小さいときに一世は沖縄に戻りたいと思ったら親は子ども（二世）を無理やり連れて帰ります。親の力が強いからできることです。

一世が歳をとってくると孫もできます。そうなると今度は子どもに世話になります。となると親だけで帰ることはなかなかできない。それでもたまにいます。「お前ら帰らんならわしゃだけで帰る」と言う人はいます。だけどそれはまれなケースです。多くは子どもに従って帰らないままここに残ります。いったん、帰ってもまた戻ってくる場合もあります。私の両親はそうでした。一度帰って7、8年後に戻ってきました。

千島公園にはソテツがたくさん植わっています。
10 メートル近い巨木もあります。

ソテツ地獄：
大正時代から昭和初期にかけての経済恐慌のためおこった食糧難。救荒食のソテツを十分に毒抜きをせずに食べてしまい中毒になる人が出ました。

昭和山山頂から

結局、子どもとの関係性において、一世は帰りたいけど、帰れないことになります。その思いをデイゴの花でそれを補おうとしています。この花を見て、心の中だけでも沖縄に帰りたいという一世がいるということです。

そういう意味で、沖縄に帰りたくても帰れなかった先人たちが、亡くなって大阪の土になる、そうして咲かしているという花でもあると思います。先人たちの思いと、このデイゴの花が重なっています。

そして自分たちは、先人たちの思いをきちんと受けとめていく。どんな思いで残ったのかをこの花の前でときどき、考えることがあります。自分たち、二世、三世とは、違う一世たちの思いとして、受けとめることが必要だと思います。

ソテツも美味しく食べられます

■エイサー祭りを始めたころ――沖縄人として生きたい

そういう関係性になっていくには、大分、時間がかかりました。一世とか、親たちの世代と自分たちはある時期、対立したことがあります。具体的には1975年、この公園のグラウンドで自分たちはエイサーをやりました。現在、エイサー祭りと言っているものです。当時は沖縄青年の祭りと表現をしていました。

その時、親に当たる世代は、このグラウンドの上から、「沖縄の恥さらし」と怒鳴ったんです。そして石を投げてきました。そういう先輩たちがいた。自分たちがエイサーをやったことを親たちの世代は恥さらしと捉えたのです。1975年のことですね。

それは、あまりにも衝撃的でした。そのため自分は「この人たちは沖縄を捨てたんじゃないか」「沖縄の誇りもないのか」と結構、ぶつかりましたね。エイサー祭りを始めたときにはそんなこともありました。

「恥さらし」という声は、耳の中で響き、自分の中で「何で恥さらしなのか」、とずっと考えていました。何を持って恥と言っているのか。「今までエイサーをやれなかったけど、やってくれてありがとう」、「よくやったな」と褒められる場合もありました。そうすると自分たちは何かいいことをやっている気分になり、調子に乗ってしまったかもしれません。でも恥さらしと言われたことはその後、「これでいいんだろうか」といろいろ考えるきっかけになりました。褒めてくれた人たちだけでなく、「恥さらし」と言った人たちがいたことは、自分にとっては、今思えばよかったのです。

「沖縄の恥だ」と言う人がいる、何年かたって、もうちょっと考えられるようになった

大正区で初めてパーランフーが鳴り響いた第一回沖縄青年の祭り（がじまるの会所蔵）

昭和山を背に祭りを終えた沖縄青年たちの顔にそそぐ
太陽（ティーダ）は沖縄だった。（がじまるの会所蔵）

とき、それは沖縄を隠すということなのではないかと考えました。「沖縄を隠してきたのに お前たちは何やってんだ」、「日本人の前で沖縄を出すな」。そういう生き方を先輩たちはしてきたんだなと分かりました。つまり先人たちは、沖縄を隠すという生き方をして生き延びてきた、「日本人として沖縄人を生きて」きたんですね。

それは沖縄を捨てたわけではなかった。それでは、沖縄はどこへ行ったのか。まず自分の身体の中にあって、自分たちのスペースをこしらえて、沖縄を詰め込んで、そこを沖縄にしたのです。三線を弾いて、泡盛を飲んで、踊っているわけです。民謡の発表会をやったり、舞踊会をやったりして、そこには沖縄がいっぱいあるのです。

それは日本人が見えないところでやるということです。今思うと、それを日本人の見えるところでやったのが許せなかったんですね。それは日本人に差別を受けた経験、差別を止めさせられなかった現実、そして差別を受け続けることを恐れて、沖縄を隠して生きる道を選んだ。それを表に出しているのは不安で、「沖縄の恥さらし」（お前たちは何を考えているんだ）と忠告したかった。そういう状況でぶつかったんだと思います。そうだとしたら、沖縄人同士、世代間の違いであって、決して対立はしていないと思います。

■先人の間違いを共有する

「恥さらし」という言葉が先人たちの足跡をたどるという大きなエネルギーになりました。もちろん半分は納得できない言葉です。しかし先人たちの思いを考えていくエネルギーに変えてくれたと、残りの半分は、今は感謝しています。

そのようにして、先人たちがたどった足跡を、間違いと正しさという二者択一の概念でなく、間違いを否定するのではなく、間違いを共有する、そういう感覚に今は近づいています。

人権的に言えば、正しい生き方というのは、差別をしている人に差別をやめさせることが、一番、正しいと考えられます。そして差別をしている人に合わせるのは間違っているとなります。そうなると名前を変えるというのも間違ったことです。そして間違いを否定したら、先人たちの生き方を否定することになります。

しかしそれを否定していいのか。人権という観点から考えると否定していいのか。それはやってはいけないのではないか。先人たちの間違いを間違っているけれども、間違いを否定せずに批判はします。自分は、名前を変えることはよくないと思っています。しかし生きるために名前を変えたなら、それも一つの生き方として、それも受けとめなくてはな

平尾本通り商店街の中には紅型《びんがた》を売る店があります。
紅型とは沖縄の伝統的な染色技法。

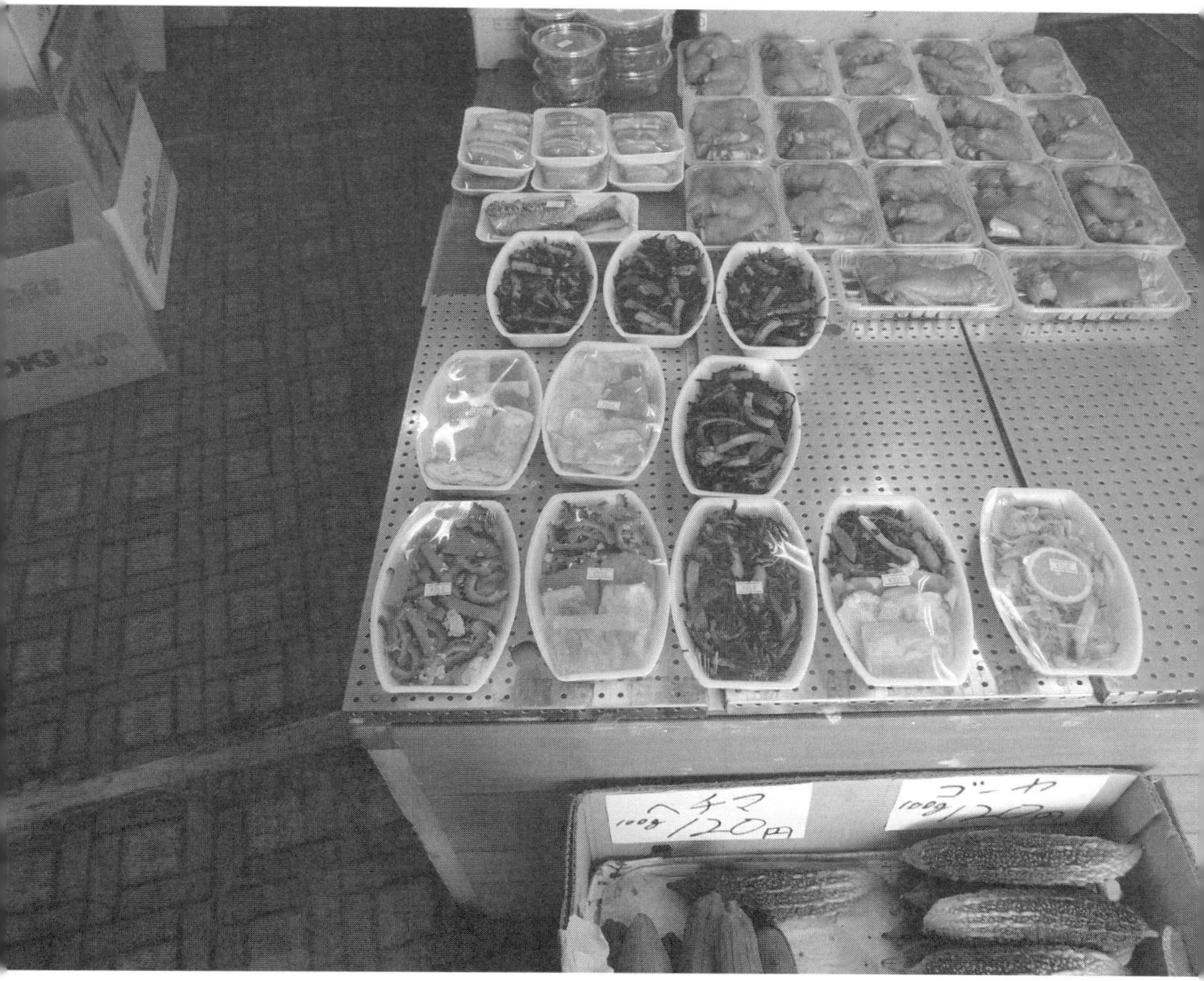

街角にある総菜屋：
沖縄のおかずが並んでいます。

らない。だから間違いを共有化したとき対立ではなく、先人たちができなかったこと、それを正していく。簡単ではないとは思いますが、一つひとつ、一歩一歩、自分たちが、沖縄のままで生きる方向に進めばいいだけです。

■カナグスクと自分を取り戻す――沖縄人として日本人を生きる

だから名前も自分たちは、「カナグスク」へ戻すべきだと思います。でも名前を「カナグスク」にしたら中身もカナグスク・沖縄になるかといえば、そう簡単にはなりません。日本人に同化している自分が名前だけ「カナグスク」と言っても通用しないと思います。いつかは「カナグスク」と自分の名前と身体を一致させたい。だから今は、「キンジョウ・カナグスク・カオル」と言ってみたりしています。どっちも混ざっていると思います。その今の事実を受け入れて自分を変えていく、社会自体がそういう存在を受け入れられる形に変えていく。そういうことが必要だと思います。

ここでいう間違いとは、日本社会の差別と暴力から生み出されたものであることを踏まえた上で、先人たちの間違いを自分たちが受けとめていく、自分たちがただしていく。それが大切なんだと思います。

「恥さらし」という言葉が、先人（過去）と私たち（現在）をつなげています。

■一つにならない祭りです

その思いも背負って、エイサー祭りは、現在で44回（ただし44回は台風の影響で、中止祭りを開催）まで続いています。最初、２００人くらいでやっていた祭りが今は、２万人が集まる祭りになっています。４割くらいは沖縄人だと思いますが、どうしてこんなにたくさんの人が来るのかとまどってしまう部分があります。それでも祭りを通して沖縄に触れたいという何か引き付けるものがエイサー祭りにはあるのか、不思議な祭りになっているというのが正直な気持ちです。だから今は何を考えているのか分からない人たちがいっぱい来ていることに意味があると思っています。

考え方が一つになっていく祭りではありません。考え方がばらばらの人たちが来て、楽しんで帰っていく祭りです。一つにならない祭りです。一つにならないで、同じ場所にいられる。一つにならないで、一人ひとりが違ったまま、そこにいられる、という体験が今、もうちょっと考える祭りとして進んでいます。

最初の祭りの２００人で集まったときには「沖縄人としての誇りを取り戻すんだ」、「差別を跳ね返すんだ」と考えていました。それから大分、変わってきました。変わっていくことで祭りは持続しているといえます。同じ考え方だったら祭りは続かないと思います。

関西沖縄文庫の入口に佇むシーサー

千島公園のソテツ

変わりながら持続してきました。44回続いてきたのは驚異的なことです。ようやく先人たちと共有できる方法が見つかったと思います。日本人との関係も対立ではなく、間違いの共有化という形でなら、つながることができると思います。日本の中の沖縄ではなく、日本ではない沖縄を沖縄と日本が対等な関係として受けとめる視線が生まれてくると思います。

■沖縄の歴史を学びましたか？

これは分かりますよね。ソテツです。沖縄でソテツといえば「ソテツ地獄」という言葉が浮かんできます。沖縄ではソテツが地獄という言葉につながるのです。そういう時代があったということです。１９２０年代のことです。

ソテツには毒が含まれています。食べることはできますが、食べづらいものです。この形からも分かると思いますが、台風など自然災害に強いのです。厳しい自然状況になり、食べるものがなくなってくると重要な食べ物です。生き延びるための重要な人間の智恵なのです。

ところがソテツを食べない生活が長く続くと、料理の仕方を忘れて、毒を抜かずに食べてしまうことになる。どうして食べ物がない状態に陥ったのか。１８７９年に琉球処分が明治政府によってなされます。明治政府は、武力による琉球国の現状の変更を強行しました。それが琉球併合です。武力による現状の変更、それを許さないと言っている政治家がいますよね。自分も武力による現状の変更はよくないと思います。

琉球という国が存在していたのが、武力によって琉球は国ではなくなった。沖縄県に変えられたのです。軍隊と警察官を派遣して、当時の琉球国王とその関係者を拉致して東京に連れていきます。今、日本政府は「拉致を許さない」と言ってますね。その日本は拉致をする国なのです。

この事実を日本の歴史として習っている人はどれほどいるでしょうか。だから沖縄から見たら日本の歴史の事実が見えてきます。この武力による現状の変更、琉球処分（琉球併合）は1879年に終わったのではなく、今も沖縄に暴力として続いています。

■武力による変更を止められますか

人権が、差別や暴力をやめさせることだけでなく、続けさせない取り組みであるならば、沖縄に対する武力による現状の変更も本当は止めないといけないわけです。

武力による現状の変更とは、日本による琉球の併合であり、植民地支配を意味します。植民地を続けるためには、経済を支配する政策を取ります。そのために沖縄の経済発展を

釜ヶ崎・越冬闘争で沖縄そばの炊き出しを続けています。

小さな石敢當《イシガントウ》が玄関脇に佇んでいます。
石敢當：沖縄の「石敢當」などの文字が刻まれた魔除けの石碑や石標。大阪大正区で定住を決意したひとつの象徴。

意図的に阻害するのです。

つまり沖縄の農業をサトウキビ栽培のモノカルチャーにしてしまう。そうなると砂糖が暴落すると沖縄の経済は完全に破綻します。他の換金作物がないわけですから。ヨーロッパがアジアやアフリカに植民地を持つのと同じ構造があるわけです。だから1920年代にソテツ地獄と呼ばれる飢饉の時代があったのです。

■ソテツはまずいか　美味しいか

ソテツは地獄という言葉とくっ付けられたことで、どうしてもイメージが悪くなってしまいます。でもそうでもないのです。車いすに乗った母親とこのソテツの前を通ると、子どものころ、ソテツを食べたことを思い出すみたいなんです。

母親は「美味しかった」って言うんです。自分が聞いた中ではほとんどの人が、まずかったか味がなかったと言います。味がないから何か味を付けないと、まずいという印象しかないんです。

なぜか、母親は美味しいと言っていました。人によっては違ってくるんです。ソテツイコールまずいと決め付けないで、いろんな角度から見て欲しいのです。ソテツの人権？「植物権」を保障するために美味しいと言う人がいたこともお話ししておきます。

追記

――一方向だけでは事実は見えない。偏見が生まれます。沖縄を知ることで、日本の真実がよりはっきりとしてきます。それでも事実はなかなか見えないものです。

■まず自己防衛です

沖縄人集落は大阪という沖縄とは異質な社会で沖縄人が支えあって生きていくためのコミュニティです。それは自己防衛の空間と言えます。一人では生きていけないなら、同胞として集団化することで助け合いながらとにかく生き抜いていくんです。そうするうちに社会変革ということが問われてきます。人権という視点で考えると社会変革が必要になります。

うるま御殿では沖縄の唄を披露しています。

だから沖縄人にとって大阪で生きていくには自己防衛と社会変革が真逆のベクトルであることを自覚する必要があります。しかし、まず一次的に必要なのは自己防衛です。それは閉じるということです。

例えばＤＶを考えてみます。暴力から身を守るために、まずどこかに逃げて閉じこもるシェルターが必要になります。それはあくまで一時的なものです。その暴力をふるっている人がそれを止めたわけではありませんから。その暴力をやめさせるためには別の働きかけが必要です。それは沖縄人に対する日本社会のありようでも同じことです。まず自己防衛が重要なわけです。

次に暴力、差別をやめさせるためには社会変革が必要です。ＤＶの場合も被害を受けている本人が直接、加害者に向き合ったらまた暴力を受けるかもしれない。社会変革は外へ向かって変えていく行為です。自己防衛は内へ向かって閉じる行為なのです。

人権というのは他者との違いを認め合うと同時に他者を理解すると言っていますが、そうするとどういうことが起こるのか？　その人の自己防衛をする権利を奪っていく、崩していく可能性もあります。

理解とは何かをもう少し考えてみると、相手のことを理解すると言いつつ、相手に「閉じていることを止めなさい」と強いていることにもつながります。私はアナタを理解したいのだからもっとオープンにしなさいとなります。理解が閉じていることを止めさす力として作用します。

閉じた状態を無理やり開けようとすると暴力になるので、それを理解という言葉に置き換えています。その方が効果的に開かせることができます。

「あなたたち閉鎖的じゃないの」

「そんなことをしていたらコミュニケーションができないじゃないの」

「お互いが理解しあうことが大事だよ」

と言いつつ、相手の自己防衛の権利を奪っていくのです。

それは何を意味するのか。同化と迎合を強いることになります。日本人が「沖縄を理解したい」と言うとき、「日本語を使わないと理解できない」と言うことになります。

しかし違いを認め合うという視点からだとそれは、沖縄語を使ってもいいはずです。それで違いを認識できるのだと思います。

しかしマジョリティがマイノリティを理解するという関係性において、マジョリティがマイノリティの言語を習得するという行為はほとんどあり得ないのです。マイノリティがマジョリティの言語を習得することを半ば強制的に要求されます。

それは明らかに対等な関係ではない。それは対等な関係をよそおった、不平等な状態の強化に他ならないことになります。

500円
200
沖縄ドーナツ
(サーターアンダギ)
大1個 60円
サーターアンダギー
小7個入
1袋 280円

滋賀沖縄エイサー琵琶遊友会による平尾商店街道じねー
（2018 年 第 44 回エイサー祭り中止祭りより）

■壁が大切です

違いを認め合うことの本質は、分からないということを受けとめることです。違っているんだから分からないんです。そして今度はその違いを維持する必要が出てきます。認め合ったらそれを維持しなくてはいけません。違いを認め合うという認識はわりと簡単に共有できます。しかし違いを維持することはあまり考えていないように思います。

そのために壁が重要になるのです。壁をきちんと持った上で対応しないと違いを維持できません。壁がなかったらだんだんマジョリティに混ざっていくわけですから。違いを維持するということは、壁があってできることです。

どうも壁という言葉に抵抗があるようです。壁が対立を生むとか、壁があるから人間関係が上手くいかないと思い込んでいる。

実際、そうなのか？

壁は違いを維持するため、そのことにおいて重要です。壁があるとコミュニケーションが成立しないという感じがあるんですね。それは壁と壁がぶつかり合って危険な状態になるんじゃないかと、そう捉えられるようです。壁は1枚か、あるいは壁と壁がくっついている、そんなイメージです。

ここで考え方を少し変えてみます。壁と壁の間にすき間を空ける。そのすき間がコミュニケーションになる。人権という場合、よく多文化共生という言葉が使われます。「お互いの文化を理解し合って、共生社会を作りましょう」

壁のない共生社会ってあり得るんだろうか？　壁がなくなって共生するというのは同化ではないのか。それはマジョリティにとっては有利で、マイノリティにとっては、全く不利益です。まずはマジョリティとマイノリティの関係が対等でないという事実を押さえる必要があります。

きちんと関係性を大切にして作り直すなら壁はあったほうがいい。そうした後に、共生する方法を探らないといけない。それは壁と壁の間でコミュニケーションすることです。

■異和共生というありかた

ここで異和共生ということばを考えます。これを多文化共生ということばと対比させてみます。多文化共生とは、多文化共生社会をつくりだし、その社会全体ひとつになって共生しようとしている。A、B、C、D、Eという違った集団が大阪に住んでいたらその全部を同じ空間で一つにしようとしているわけです。そうすると一番、大きな民族は日本人ですよね。日本人が一番、有利です。そうなると日本語を使って説明しなくてはいけない

のーんびり、
体験しませんか？

昭和山は標高 33 メートル。
大阪万博のころ、地下鉄工事で出た残土ででき
た山と言われています。

わけです。

日本人に沖縄を理解してもらうためには、沖縄人は沖縄語は使えなくなってしまう。沖縄語を使うと日本人は分からないため、日本人が分かる日本語を使いなさいと。そのため多文化共生は、限りなく同化政策に近づくことになるわけです。

あなたと私が明らかに違うなら、壁を作ってそこに隙間を空けたらいいわけです。壁があっていいわけです。隙間がでてきたら、そこで共生できるわけです。そういう共生を実現するためには異和共生という概念が必要です。

社会に格差・差別・暴力が存在しているなかで、それぞれが対等な関係をつくり維持するのは相当エネルギーのいることです。このスペースでの実践なら、エネルギーを使い果たし疲れたときは、壁の内側にまた戻ったらいいわけです。元気になってまた出ていったらいいわけです。

■沖縄の文化を収奪しないでほしい

わたしたちは1975年に始めて、青年たちが中心になって「エイサー祭り」（当時・沖縄青年の祭り）をやりきりました。そのとき「恥さらし！」という言葉が会場に飛んできました。それは沖縄出身の先輩たちからでした。

「恥さらし」ということばは重要なことばなので、ここでもうちょっと考えてみたいと思います。

先輩たちは隠すという行為を要求したのです。隠すことで先人たちは沖縄の文化を守っていた。閉じることで守られた文化が存在するのなら、隠さない、外に出したらどうなるか。文化は薄まっていくことになります。広がっていくんだけど薄まってもいくのです。

私たちは最初、外でエイサーをやり始めました。するといろんな人たちがやって来て、そのうちに「自分たちもやりたい」と言って来る。特に学校でエイサーをやり始める。実際、自分たちも学校へ教えに行ったりしていました。

沖縄の文化であるエイサーが何故、学校でできるのか？　沖縄の文化になるのか？　それはできません。エイサーは先祖供養の盆踊りなのです。なぜ学校で盆踊りをする必要があるのか。先祖を供養しないエイサーはあり得ないのです。エイサーというならそれは先祖供養です。それなのにエイサーを学校で教えたりする。

それは本来、沖縄の文化を別なものに変えていっているんです。それは文化でなくなっている。それはもう太鼓パフォーマンスです。エイサーでなく太鼓パフォーマンスなら、それは自由な表現活動です。自由だからといって、もちろん差別的な表現、ヘイトスピーチは許してはいけません。暴力をする自由があっていいはずがありません。

しかし沖縄の文化を勝手に変える自由はない。他者の文化である沖縄の文化を日本の中で勝手に変質させることをやってはいけない。ところが「相手を理解する取り組みだ」と言ってしまえば、それが可能になっていく。これが正しさの暴力の具体例です。表現の自由を阻害せず、沖縄の文化を変質させないためには、沖縄と日本の二つの壁のスキマの表現として、エイサー的太鼓パフォーマンスとして取り組むと、マジョリティの暴力は大きくならない。

■一つになることの怖さ

平和、人権、多文化共生、理解、その言葉さえ使っていたら、何をやってもいいことであるような状況は大変危険です。正しさによって一つになる力がめばえてくるなら、これもまた暴力だととらえたほうがいい。

多文化共生という中で相手の違いを認めることを具体的に議論しあいながら、そのやっていることに問題がないかを検証していかなければいけない。何か問題がないか、絶えず見ていかないと暴力につながります。

それに対して新たな提案は、壁をちゃんと維持しながら、空間（すきま）を空けて、その空間をどんどん大きくして共生する空間「スキマ」にする。そういうやり方はどうかという提案をしています。

エイサー祭りも初期のうちは自分たちの中へ閉じるものでしたが、続けていく中で今はそれぞれ違っているものが共生する空間です。それを私は「異和共生」という言い方をしています。違いを維持したまま、一緒に表現に加わる。一つにならない。お互い違ったまま、終わる。そのことを意識化する。

なぜなら一つになると違いが消えてしまう。いま、エイサー祭りはその「異和共生」に近づいていると思います。

沖縄に基地がある

■怒りが抜けてしまう

オスプレイの配備が強行されたとき、感覚的に普天間基地はなくならないと思ったのです。沖縄がいくら反対！といっても日本はその声を聞かない。

今、沖縄の現状は、一部の人が反対なのではない。県民大会を何度もやって沖縄は反対の意思を表明してきました。県議会、市町村議会も何度も反対決議をあげています。

しかし現実は、多数の沖縄県民がオスプレイの配備を反対する中でも強行する。沖縄人の怒りは、沖縄に対する差別だという声になった。

沖縄に住んでいる人には自分が暴力を受けた感覚が、身体にも精神にも伝わるから、過去から続く暴力と重なって、どんどんためられていく。でも自分自身は怒りが抜けてしまったような感覚にとらわれています。自分は沖縄に住んでいないからかもしれません。大阪に住んでいる沖縄人として、暴力が身体をすり抜けていく軽さと、沖縄の怒りの重さがすれ合う感覚が不気味なのです。同じ沖縄人だと一言では言い切れないこの事実に向き合わなければなりません。

■「県外移設」を言い切った沖縄

2009年、鳩山さんは「最低でも県外!」とはっきり言いました。でも民主党政権内部では、「県外移設」が拒絶されたわけです。

しかしこのとき、沖縄は「県外」と言っていいんだと、沖縄は明らかに「県外移設」とはっきり言ってきました。もちろんそこには、基地は本当はどこにもいらないという考えが根底にはあります。全ての基地をなくせという主張と「県外移設」という言葉が絡み合って使われています。

十数年前はそういう言い方は少なかったのです。２００９年の総選挙で鳩山さんが「県外移設」と言って、政権が変わりました。鳩山さんが政権を取った結果、沖縄人の中に潜在的にあった「県外移設」という思いが言いやすくなったと思います。沖縄の基地問題の本質を明らかにしたと思っています。日本が見えてきたのです。

沖縄に基地を押しつける日本の差別と向き合ったのだと思います。もちろん、これまでも県外を主張した人はいます。でもその声は運動の側から散々、批判されてきました。「県外移設」という選択肢もあるということを鳩山さんが言ってくれたわけです。その結果、多くのウチナーンチュが「私たちは差別されている」と言えるようになったと思います。ある意味、ウチナーンチュが当たり前のエゴイズムを主張できるようになったと思うのです。だから「県外移設」の主張が今までの運動のあり方、民衆が後からついていくスタイルから、先頭で動くようになったのだと思います。

そのため、これまでと違うのは保守系の候補が「県外移設」を言い出した。結果、選挙でも保守系の候補が当選します。

知事選も「県外移設」をはっきり言ったのは保守です。県外といわず国外といったのが革新系です。つまり民衆が「県外移設」を言わせているのです。だから「県外移設」を掲げ、選挙をするのです。

■日本の「沖縄差別」と向き合う

そこで何かを吹っ切ったと思います。

だから吹っ切ったところから議論を始める。これまで「県外移設」はタブー視されていたと思います。これまでの沖縄の反基地闘争は、ヤマトの運動に系列化されていた面も強くあったと思います。その運動からは「県外移設」という主張はなかなか出てきませんでした。「県外移設」はとんでもない主張であるというのはまだまだ残っていると思います。これまで沖縄の反基地闘争の中でも「基地が沖縄にあるのは沖縄差別だ」と大きな声で主張することはあまりありませんでした。

でも思うんです。日米安全保障条約が必要なら、基地負担は日本国民が等しく負担すべきです。反基地闘争を一緒に闘ってきて、多くの沖縄民衆の心の底にそれはあったにもかかわらず、どうして「県外移設」を言えなかったのか。

日本と沖縄が連帯して闘っている反基地の運動の中で、基地がいっこうになくならない。その現実の中で、いらだちが沖縄の民衆の中にあったと思います。

しかし沖縄から「県外移設」を言うのは、連帯を壊すのではないかと思っていた。その矛盾を先駆的に発言してきたのが、野村浩也（広島修道大学）の「無意識の植民地主義」

です。そして突然、向こう側から鳩山さんが「県外移設」を言い出しました。しかし鳩山さんは、自分の言ったことに責任を持ってリーダーシップを発揮できなくなり、辺野古に戻してしまったのです。

今、これをエゴとか言って排除するべきではなく、きちんと議論すべきだと自分は思うのです。

■普天間基地はなくならない

オスプレイの強行配備で自分の中に思考の変化が起こりました。自分にとんでもないことを言わせながら、自分の言ったことを検証しながら整理していく手法を考えてみたい。普通、運動している側が「普天間基地がなくならない」というのはよくないと思います。言ってはいけないことなのですよ。

でもあの強行配備を目の当りにしたとき、「普天間基地がなくならない」という地点から考えてみたくなりました。この感情を正直に出してみたかった。そうすると基地が沖縄からなくなるというイメージが表れてきました。

運動体が「全ての基地をなくすんだ」という主張と基地を押し付ける側の板挟みで、沖縄は全然、動けなくなっていたと思います。

大正区のコンビニ。当たり前のように
沖縄の食材を売っています。

落合上渡船場。大正区と西成区を渡す渡船場。
岸を離れると２分ほどの乗船時間。通勤・通
学に使われています。

北斗

これまでその関係が悪い意味でバランスが取れてきたと思います。そこで今の状態が維持されてきた。つまり運動の中にも沖縄への差別があったにもかかわらず、このバランスは運動を進める側にも一つの安定感を与えていたと思います。

自分はこのバランスを崩してみる必要があると考えました。そのために今まで言ってはいけないことを言ってみたのです。でもこれを沖縄にいる人たちに言うと大変失礼な言い方になります。だから言ってはいけないこと。今、沖縄で徐々に話しています。この発言は基地を押し付ける側に加担することになります。それでも敢えて、基地がなくならないと発言したときに、基地がなくなると思えたんですね。

普天間の基地がなくならないというのは、普天間基地が沖縄にあるからである。沖縄でなければ基地はなくなるということです。つまり普天間基地が沖縄以外の場所にあれば、基地はなくなるということです。

■沖縄にあるから基地はなくならない

本土にあったほうがなくなりやすいと思います。実際、過去において地元の住民が反対したから基地はなくなった。それは中央に近いから。基地を維持する側には、できるだけ中央から遠ざけるという論理があると思います。危険なもの、嫌われるもの。実践的、暴力的訓練を必要とする部隊および基地は、地域の生活の安全性と矛盾をすることになると思います。だから中央に近いと維持が難しくなる。

なぜ「県外移設」をヤマトの側は受け入れないのか。「県外移設」という言葉は日本では、嫌われます。それは沖縄のエゴ感情と捉えることで、日本人としてそれを否定し、排除していいという感情に結びつけている。感情では暴力を振るう側の方が強いわけです。差別をされている側の感情は、差別する側の感情には勝てない。だから基地を押し付ける側の感情の方が勝っているのです。

沖縄は「基地はいらない！」といってきました。しかしなくならない。運動の側では「基地はどこにもいらない」と言う。そういって沖縄に基地が増えていった現実、その後もいっこうに減ることのない現実。基地がなくならない現実と向き合うことから逃げてきたと思います。基地を押し付けているという視点ではない。「私たちは沖縄の人たちと連帯して基地をなくすんだ」と平然と言い続けてきたわけです。

なくならない理由は日本社会が持っている暴力。国家がやる暴力に共犯化している民衆がいた。運動体であっても共犯化しているという事実を見ていない。そのことによって議論ができなくなっている。だからこそ「県外移設」を議論する空気を作らないといけないと思います。

■「県外移設」を議論することから

日本社会で、日本の運動体で何故、「県外移設」を議論する空気にならないのか。議論することを拒絶するものは何なのか？　この数年の間、議論をしようとしてきたけれど、議論できない状態が続いている。

大阪と沖縄の経済界関係者が、沖縄の基地移転について議論をやっています。そのことが朝日新聞に載っていましたが、かみ合っていませんでした。橋下徹大阪府知事（当時）が「基地を関空で受け入れましょう」と言ったころです。

「沖縄はもう基地はいりません。沖縄は基地経済で成り立っているわけではありません」と沖縄側。

「だけど沖縄で基地がなくなれば大変でしょう」

と関西の経済人が言えば、沖縄側は反論する。

「いやいやそんなことはありません。沖縄の経済で基地は5％です。そのためにここまで負担を負う必要はありません。だからどうぞ、必要な人が持っていってください」

この沖縄経済界の主張は、米軍基地が7割以上沖縄に集中していることをおかしいと思い、普天間基地の「県外移設」を求める大多数の沖縄人の考えと一致しています。しかし議論はかみ合わず進まない。そこで止まってしまう何かがあると思います。それこそが政治の暴力ではないか。止まっているのではなく、止めているのである。

全国市長会で普天間基地へのオスプレイ強行配備に反対する決議を上げられなかった。それは鹿児島県志布志市などの市長が反対した。その理由は、自分たちのところにオスプレイが来ることになったらどうするのか、ということです。だからオスプレイのような問題は、国が決める専権事項だから市長会には馴染まないと逃げたわけです。自分たちのところに来たらどうするんだという恐れがみんなにあるわけですよ。

自分たちの目の前に基地が来ることを拒絶しているわけです。嫌なものが来ることを拒絶する、誰もが持っている感情です。

■対等な関係を作ることから始める

順番に考えるとアメリカと安保条約を結ぶことが日本社会の大多数の同意ならば、それは仕方がないこと。一部の人たちだけが進めているならそれは許されないこと。しかし安保は多数の人たちが同意してしまった。それならば、その事実に対して責任をとる。そうなれば沖縄だけに基地を押し付けるということは、おかしいのです。

同意した以上、どこかに基地がいるわけです。同意した以上、その負担は平等でなくてはならない。この不平等を正当化してはならない。しかし日本の平和のために74％の基地が沖縄にあることが正当化を越えて、普通化しています。

日本が平和であることが一番、大切である、それに比べたら沖縄の平和は小さなことである。これが一見、正しい発言として受け入れられています。ここで重要なことは正しい発言が暴力化するということです。

全ての基地がなくなる。これも正しい発言です。当然、全ての基地がなくなることに沖縄の基地も含まれているだろうけれども。

にもかかわらず沖縄の基地は増えてきました。全ての基地をなくす運動を60年以上やってきて、沖縄の基地は増えてきている。平和を求める運動が現実からずれてきている。なぜずれたかを認識し、議論しなければ、平和という目的に近づくことはない。

復帰前で約60％。１９５０年代は40％以下。それが今は70％を超えています。これはおかしいですよ。すべての基地をなくす運動がうまくいっているのならば、嬉しいが、沖縄の基地は増えている。これはどう考えてもおかしい。60年間、二世代という時間が経過しました。これはどこかに問題があることを考えなくてはいけないと思うのです。

大正沖縄会館玄関のシーサー

平尾本通り商店街のシャッターには、
沖縄が描かれています。

JR
大正駅
たいしょう Taishō
Buffaloes
京セラドーム大阪
KYOCERA DOME OSAKA
京セラドーム大阪
JR線のりば
JR Lines
自動きっぷうりば
Tickets

大正駅前の居酒屋

第二部

沖縄を差別してきたヤマト

――基地引き取り運動から見えてくるもの

金城馨／高橋哲哉

■どうして沖縄から基地がなくならないのか

沖縄から米軍基地を撤去する。それは沖縄県民の多くが持つ自然な感情です。ご存じのように日本の国土面積0・6％の県に70％以上の米軍基地が集中しています。敗戦後、日本本土に進駐したアメリカ軍は各地に基地を建設しました。しかしそれらは日本本土の住民の反対を受けることになります。反米感情が高揚することを嫌ったアメリカはサンフランシスコ講和条約締結後、沖縄に米軍基地を集中させることになります。そして本土復帰。沖縄は過重な米軍基地負担を押し付けられたままです。次第にその不満はマグマのように溜まっていきます。

鳩山民主党政権で「県外移設」が公約として掲げられました。「県外移設」は鳩山首相が、最初に言い出したわけではありません。先ごろ亡くなった大田昌秀さんは県知事時代、「公平な基地負担」をヤマト社会へ向かって要求しました。そして小泉首相も「県外移設」に言及していました。

ところが鳩山首相の「県外移設」は、沖縄人の心に火をつけました。「民主党政権は、本気で基地を無くしてくれる」、そんな希望が沖縄に満ちたのです。結果は裏切られることになりました。

一度、開けられたパンドラの箱はもう閉じることはできません。そんな中、「県外移設」を求める沖縄からの声は途切れることなく、発信されてきました。


今、新しい声が響き渡り始めました。

「沖縄に米軍基地を押し付けてきたのは、私たちヤマトが沖縄を差別してきたからではないか」「だから沖縄の米軍基地をこちらに引き取ろう」と具体的な活動が日本のあちこちで始まりました。

過去、何度かこの不公平な状態を是正するために提案はありました。しかしそれに応える声はヤマトの住民からはあがりませんでした。米兵による悲惨な犯罪や事故が報道されるのですから、基地を引き取ると手をあげるのには、勇気がいるんだと思います。


沖縄は差別されている、いつまでも米軍基地の過重な負担を押し付けられるのは、ヤマトが沖縄を植民地として収奪しているのだ。その差別的な構造はただされなくてはならない。そんな主張が沖縄社会から出てくるのも当然です。そしてこの沖縄の皆さんに呼応する形で「基地引き取り」運動が始まりました。

基地引き取り運動を主唱している高橋哲哉さんと大阪市大正区で関西沖縄文庫を主宰し

商店には、沖縄の食材がところ狭しと並んでいます

石敢當
WELCOME

てきた金城馨さん。このお二人にお話をお願いしました。

高橋さんは大学の先生です。哲学を専攻しています。そんな高橋さんは２０１２年、朝日新聞紙上で知念ウシさんと対談を持ちました。そこで沖縄とヤマトの関係を再考することになりました。金城さんの暮らす大阪市大正区は沖縄からの出身者、その二世やその関係者が人口の４分の１を占める地区です。そこで長年、金城さんは沖縄のアイディンティティを獲得する活動を続けてきました。

（しかた　さとし）

■沖縄の本音

高橋　今、沖縄の多くの人々が望んでいるのは、米軍基地の重荷、リスクから解放されたい、平和な沖縄を取り戻したい、ということだと思うんですよ。日米の権力が大きいので、これくらいは認めておくしかないと一部、容認の人はいるにしても、それは基地を押し付けている権力が巨大であって、その中で生きていくしかないと思った人でしょう。そういう人でも、沖縄の負ってきた負担は限度を超えているという思いは同じではないでしょうか。

金城　アメリカによってもたらされた基地という暴力が日本という国家を通して日本国民に要求され、その後、日本人の身体の中をすり抜けて沖縄に移動してきた。つまり暴力の移動が起こったと言えます。

暴力の逆移動によって、つまり本土に基地を戻すことで、もう一度、米軍基地問題を解決する当事者であることを自覚すべきではないか。50年代、60年代の政治状況を振り返ってみると、本土の米軍基地の存在は、日本人にとって目前で直接身体に感じるアメリカの暴力であった。

今の日本社会は安保の容認が過去より増えている。そういう日本社会の意識の変化が何故起こったか。そのことと暴力の移動は無縁でないと思います。権力を持っている側が暴力を維持するために、すなわち米軍基地を維持するために、いろんな方法を考え、政治的判断をしながら沖縄へ基地を移動させていったのではないか。その中で日本の民衆は、アメリカの暴力をはね返し、勝利したんだと思い込んでしまった。

高橋　それで平和国家になったと思い込んでいる。

金城　そこでさらに経済的豊かさを池田内閣が作り上げたことで、日本人の意識がどんどん変化していく。経済的繁栄は政治的問題の矛盾を隠すために有効であった。

その目的は成功してしまったと思います。残念ながら、生きるということは常に政治とは無縁じゃない。政治的な暴力をはね返したり、ときには受け入れたりしながら、生きている。戦後労働運動や大衆運動が政治に重要な役割を果たしてきたことも確かにあるけれど、結局は所得倍増とか、東京オリンピックとか、戦後の豊かさのもとで日本の民衆の意識を変化させることに成功している。平和運動とは、本来、一つひとつめんどうくさい作業の積み重ねではないか。そのために現実を直視し、問題点を見つけ、その都度、戦術を組み立てなおすしかない。これまでの運動のまま、それを怠っていれば前進しない。

先ごろ、亡くなった大田昌秀さんは、知事時代、「米軍基地の公平な負担」を求めました。それは沖縄の民衆の意識の底にずっとあったのです。日本の中の沖縄から、日本ではない（かもしれない）沖縄へと。沖縄への米軍基地集中は日本及び日本人の沖縄差別によるものだと確信した。「県外移設」は当然の主張となった。明らかに沖縄は変わった。「沖縄のことは沖縄が決める」と「これ以上、私たちの沖縄をあんたたち日本人の自由にさせてたまるか」と。民主党政権が誕生し、一国の総理大臣である鳩山首相が「県外移設」を公言したことは今までの政治力学をゆるがすものとなった。

沖縄の自民党や知事であった翁長雄志さん（2018年8月8日死去）は、日本の自民党の経済政策を通して沖縄を豊かにしたいという思いが大きい。沖縄の保守と革新の関係は日本のそれと同じではない。政府の言いなりになったわけではなくて、経済をまず優先

左：高橋哲哉　右：金城馨

することを選んだと思います。沖縄における政治の重要なところは、革新と保守という立場が違っても重なる部分があることだと思うのです。

権力にただ従う保守もいれば、現実を重視しつつ、段階的に沖縄にとっての理想に近づこうとする保守もいる。革新の中には沖縄の現実を見ずに日本の理想と一体化した主張をする人たちもいる。これまでの平和運動が全ての米軍基地を沖縄からアメリカに移す、あるいは世界中の基地をなくすという主張は、いつ実現するか分からないと思うんです。その考え方では、沖縄の基地を減らしていくこと自体も否定してしまいかねないと思うんです。それは平和運動とはいえないと思います。

高橋　反戦平和運動のなかには、沖縄で全米軍を解体しなければおさまらないような、いや地球上から軍隊をなくすまで沖縄で闘い続けなければいけないというような感覚がありますね。

金城　それでは平和運動を通して、国家による沖縄に対する暴力を支えてしまうことになると思います。

■米軍基地をヤマトに戻すという選択

高橋　大田昌秀元知事が亡くなって、「安保を維持するなら本土も応分の負担を」という彼の発言がメディアに流れました。馨さんは「カマドゥー小の集い」が少数のグループでありながら、「県外移設」という沖縄人の意識を明言したとおっしゃっています。

沖縄のマスコミはよく普天間基地問題についての世論調査やアンケートをやる。国外移設、県外移設、県内移設、無条件撤去がそれぞれ何パーセントと結果が出ますね。そうすると「県外移設」を選択する人はだいたい20％前後です。だから沖縄で「県外移設」を望む人はけっして多くないと強調する人もいますね。

たしかに沖縄の人は、本土に持っていくよりは持っていかないで無くなったほういいと思う人もいるだろうし、本土の友だちの顔を思い浮かべてやっぱり本土より国外へ持っていってもらったほうがいいと考える人がいるかもしれない。

でも他方で、「今の状況を不平等だと思っているか」という質問に対しては、不平等だという回答が6割、7割を超える。不平等な扱いを受けていたら「平等にしてくれ」と望むのが自然でしょう。

ですから私は、その不平等だという意識のなかに、言葉にして出されてはいないけれども、沖縄の人の胸に秘められた「県外移設」論があると思うんです。私はこれが沖縄の民意だと言っても過言ではないと思います。

金城　自分は米軍基地という暴力をなくすためには基地の移動が必要だと思うんです。暴力は移動してきたんだからもとに戻す。なぜなら暴力を生み出したのがアメリカだから、アメリカに一旦、戻らないとアメリカ国民は自身の暴力の当事者であることを自覚できないじゃないですか。基本的にアメリカは日本を支配したい、アジアを支配したいから基地が必要なわけで、支配するという目的がなければ基地はいらないわけですから。

高橋　1950年代に本土から海兵隊が沖縄に移り、本土からの押し付け政策が続いている。米国で撤退案が出てくると日本政府が止める。それは8割以上の民意が日米安保を支持しているから。自分たちのところはいやだけど、沖縄にあるのならかまわないと本土の国民が思っているからでしょう。

つまり米軍というアメリカの暴力を、日米安保支持というかたちで日本国民が受け入れている。日本人がそれを政治的に選択している。だから米軍基地はとりあえず日米安保を支持する本土の人びとの元へ戻すということですね。そのうえで米軍基地をどうするか、つまり日米安保体制をどうするかについては、沖縄以外の人も当事者意識を持って議論し決めていく。

金城　権力は常に暴力をおこし、民衆にその暴力を受け入れさせ、さらに暴力を日常化させる。しかし、米軍基地を沖縄に集中させることによって、一方、日本の民衆は暴力を受入れていないかのようにごまかされ、そのうち自ら進んでごまかされ続けている。日米安保によって利益を享受するということがあるけど、本当は安保があると利益を享受できないのにそれを得ているように思わせられている。

　アメリカは実際に安保によって利益を享受している。しかし、日本にとって本当に利益はあるのだろうか。もしあるとすれば何なのか。

高橋　利益を享受しているというのは、もちろん、安保に賛成の人は日米安保条約があるから北朝鮮や中国の脅威から守られていると考える。安保に反対の人はそういうふうには言わない。

　しかし、本土の人は日米安保体制のもとで、本来、本土に基地を置くべきなのにそれを沖縄に肩代わりさせている。その利益を享受しているんですよ。自分たちは負担やリスクを負わずに安保を支持している。

金城　でも一般的には国民にとっては利益ではないですよね。安保はアメリカの支配を受けることで、自分たちの利益になるというのはおかしな話ですよね。

高橋　例えば、今回もオスプレイがオーストラリアで事故を起こしました。日本政府は飛行自粛を申し入れた。でも米軍は受け入れずに飛行を再開した。このことを琉球新報では「日本は植民地」と見出しをつけて報道した。一方、日本政府が自粛を申し入れても、非常に弱々しい申し入れです。

60年安保や50年代のように、激怒して官邸前や国会前でデモをするとかストライキをするとかがあってもおかしくないはずです。結局、みんな不利益だと思っていないんです。支配されているともあまり思っていないというのが私の見方です。

金城　思っていないけど、それは利益じゃないでしょうね。

高橋　米軍基地があるから日本は守られている、と思っている人が多いんですよ。

金城　誰も具体的には考えていないからです。考えてみたら国民の利益ではない。安保は戦後、権力を再度、取った人たちの利益にはなっているかもしれない。

本来、国民から戦争責任を追及されるべき人たちがアメリカによって守られたわけでしょ。自分は巣鴨プリズンじゃなくて、巣鴨シェルターじゃないかと思うんです。戦争犯罪者を日本国民から守ったんじゃないか。それはアメリカの利益になるから。

アメリカの戦争犯罪、空襲をして、原爆を落としたという、それを日本国民から追及されないために戦争の暴力を残しておいた方がよかったんだと思います。日本国民を共犯化させる必要があった。日本人はアメリカの暴力による支配の構造に組み込まれてしまった。

■沖縄を利用する平和運動

高橋　私は、本来、基地はヤマトに置くべきものだと思っているわけです。なぜかと言うと沖縄戦自体がヤマトの権力がアメリカと起こしたものです。その結果、米軍が居座ったわけです。

サンフランシスコ講和条約にしても日米安保条約が沖縄返還後に適用されたことも、沖縄の民意とは全く関係なく日米両政府が決めている。それらは国会でも承認されているから、日本国民の民意でもある。その点から言ってもヤマトが引き受けるべきだ、これが原理原則だと思うんですね。でも現実にはそうならないで来てしまった。

沖縄にずっと米軍基地がある状態のなかで、日米安保反対、安保条約を破棄すれば全国から基地がなくなる、当然、沖縄からも基地はなくなる。それがこれまでの平和運動でした。私もそう考えていた。

60年の安保闘争をピークにして、ヤマトでもそれが盛り上がった時期がある。当時は国会では「安保反対」の革新政党が力を持ち、労働運動、学生運動も盛んでした。しかしその、日米安保体制下で反体制派がもっとも力を持っていた時期にでも、体制を変えることはできなかった。

その後は馨さんが言ったように、高度経済成長と経済大国化、また本土の米軍基地が整理・縮小されていくにつれて基地問題が忘れられていく。そして今や8割、9割が安保支持。安保解消がよいという人は、共同通信の戦後70年全国世論調査では2％しかいない。そういう状況が何十年続いたなかで、今、ヤマトのメディアでは、朝日新聞も毎日新聞も東京・中日新聞も日米同盟賛成です。

産経、読売だけじゃないですからね。ＮＨＫだってそうです。メジャーなメディアで日米安保体制に疑義を挟む声が聞かれることはまずありません。国会議員で安保反対の人が何人いますか？　そういう状況のなかでどうやって問題を提起していくのか。

平和運動を担ってきた運動家たちは、沖縄の人が米軍基地で苦労しているのは分かるけど、日米安保条約を破棄すれば米軍基地がなくなるんだから、一緒に「安保反対」を言いましょうとやってきた。でもそれで米軍基地がなくなったかと言えば、なくならなかった。

だから本土の側から沖縄の人に向かって「安保反対すれば米軍基地がなくなるでしょ」と言って「県外移設」を拒む権利はもうないと思うんですよ。本来、基地は安保を選択してきたヤマトが引き受けるべきなんです。

今、まずは沖縄に対する差別的な構造を変えるために本土にもってこようじゃないかと主張し始める人たちが出てきました。そうすることではじめて本土でも「基地は自分たちの問題だ」と当事者意識が生まれる。そこからまた議論ができるようになるのではないか。本来、「県外移設」が当然なのだ、引き取りが当然なのだという議論をしないままでは、当事者意識さえ成り立たないということが明らかになってきています。

沖縄の現状は不条理だから一部引き取るという考えは、世論調査でも支持があるんです。安保反対は2％です。それを合理的に考えたら、どちらにチャンスがあると言えるのか。

■考えない日本人の責任

金城　橋下徹が大阪府知事のとき、大阪に米軍基地を引き取ると発言したことがあります。それこそ市民運動が言わせないといけなかったのに、橋下は自分のパフォーマンスの範囲内で気持ちよく振る舞っただけで終わってしまった。橋下に先を越されて、基地はどこにもいらないと叫ぶ市民たちはうろたえていた。

本来、一日でも早く沖縄を基地のない平和な島にしたいというのが沖縄に住んでいるウチナーンチュの強い気持ちです。日常的なその怒りは、ことばに表せないほど大きいものだと思う。安全な場所、本土大阪に住む沖縄人が沖縄と同じ感情を共有できるのか自信がない。そこには本土にいる沖縄人としての責任が問われている。そこから見える日本と沖縄の関係性とはなにか。そこからうみだされる暴力が沖縄にどうむけられてきたのか。暴力とともに日本人は戦後を生きてきた。これは国家の問題じゃなくて、平和運動の問題です。平和運動がものを考えさせない運動をしてきたんです。

高橋　そういう面がありますね。

金城　それが一番、究極的な問題と思います。

考えないと、思考する頭は動きはじめられないのに、基地に賛成の人たちも反対の人たちも本質的なところを考えていない。考えたら何かおかしいなことに気づくはずです。どこにも基地はいらないと言い続けても、沖縄に基地を押し付けたままの状態が続いている。そうなると、平和運動が考えない人を作っていることになってしまう。

自分は平等という言葉より、対等という言葉を使うようにしています。平等だと社会全体に広がりすぎて、意識がぼけてしまうのです。対等だと人間関係というか、一人ひとりの生き方、責任が問われてくる。社会的な暴力も一人ひとりの暴力がつながって強固な暴力となって維持されていく。暴力を止めるためにはどうすればいいのか。暴力が国家によって要求されながら国家によって行われているとしても、その暴力を継続させている力は国民の意思によってなされている。

無意識という意志によってなされているかもしれない。無意識であるのに気づくためには、暴力はどのように移動するかを考え、自らの身体から発する暴力を自覚する必要があると思います。普天間基地の「県外移設」という主張は、沖縄人は、「これ以上、暴力の移動を受け入れない」と言っただけでなく、沖縄の未来の子どもたちに、今を生きている私たち沖縄人自身が、暴力を続けないという意志を明らかにしたのです。でも沖縄には「県外移設」する力がないでしょ。

高橋　したくてもできませんよね。

金城　沖縄に権力がないから。「県外移設」ということばに感じる暴力は、実際は機能しないわけです。本土から沖縄に移した米軍基地の「県外移設」は、具体的に暴力として機能したわけです。沖縄からの「県外移設」は同じことばだけど全く違うんですよ。これはこれ以上、基地は受け入れないという宣言なんです。米軍基地が必要なら本土でどうぞ。

日本人として責任を取るべきだと言っているだけです。

高橋　今の沖縄からの「県外移設」は、沖縄にそれだけの権力がないので移設したとしても暴力とは言えない、ということですね。

「県外移設」、ヤマトから見れば引き取り、これに反対する議論のなかには、「それは痛みの移設だからダメだ」という意見が多い。しかし、60年安保から考えてもすでに半世紀以上経ちます。旧安保条約の締結からは70年近くたちます。その間、ずっと日本国民が支持してきて、半世紀以上続いてきたものが自分たちの元に返ってきたからといって、それを暴力とは言えないのではないか、ということですね。

日米安保に賛成するということは、日本に米軍基地をおくことを認めることです。日本の有権者はずっと多数が自国に米軍基地を置くことを選択してきた。ところがその基地負担は、不当にも沖縄が肩代わりさせられてきた。いいかげん本土が責任を取れ、本土にもっていけと言われたときに、それは暴力だからできないというのは筋が通らない。

それから「痛みを移設するのか」と言うときに、ヤマトと沖縄の関係が対等じゃなかったことが忘れられているんじゃないか。たとえばAとBが対等な関係で、たまたまBのほうに痛みがあったとする。Bばっかり痛いのは申し訳ないので、Aに移しましょうと。今度はAが痛くなる。これは痛みの移設だからよくないというわけですね。でも違うと思います、ヤマトと沖縄の関係は。もともと真っ白なAとBが対等な関係でいたわけではない。ヤマトAが沖縄Bに痛みを押し付けたわけでしょう。それも何十年にもわたって。つまり加害責任があるわけですね。

対等な二者、もともとフィフティ、フィフティの二者の間で痛みが移るんじゃなくて、加害者が被害者に与えていた痛みを止めるということだから、痛みの移設と言って済むことではない。それでは説明できない事態だと思います。

これに対して「構造的にはそうかもしれないけれども、レイプされた女性にとっては同じ痛みでしょう」という反論もあるでしょう。「被害に遭う個人の感じる痛みは沖縄でも本土でも同じだ」と。もちろんそうですね。レイプもそうですし、殺人もそうです。事故の被害者の痛みもそうでしょう。引き取りの考えは、そうした被害を容認しようというものではけっしてありません。

自分の地元に基地が来れば、私が被害者になるかもしれないし、私の家族が被害者になるかもしれない。それを防ぐためには、可能なあらゆる努力をするしかない。日米地位協定の改定要求などは真っ先にやるべきことでしょう。沖縄の人たちはずっとそういう努力をしてきた。生き延びるためにはせざるをえなかった。

今、本土で、ほとんどの人がそうした努力をしないですんでいるとすれば、それは沖縄に基地を押し付けてきたからです。つまり私たちは、基地だけでなくそうした努力も、基地反対運動をも沖縄に押し付けてきてしまった。引き取りというのは、基地だけでなく基地から生じるそうした問題をも引き取るということだと思うのです。

金城　沖縄の「県外移設」という声とつながる大阪での動きは2000年ころの「沖縄に基地を押し付けない市民の会」の結成から始まっています。その前にあるのは95年の少女暴行事件の「連帯とは何か」という問題提起です。

10月（1995年）の沖縄県民大会を受けて大阪でも、沖縄と連帯しようとか、沖縄の痛みを分かち合おうとか声があがりました。その20人くらいの準備会のあつまりで、自分は今までの運動は沖縄と「連帯できていなかったんじゃないか」という意味の発言をしていました。しかしその後、自分に対して、沖縄主義者、ナショナリスト、日本人を嫌っている、日本人と運動をしない、などの言葉が聞こえてくるようになりました。連帯が排除を生んでいるような現実にとまどいながらも、逆に今までの運動のしがらみから自由になったことで、組織運動に直接関わっていない日本人との議論はずいぶんできるようになりました。

■ヤマトは基地を引き取れるのか

高橋　ヤマトの現実を見れば、引き取りができるのは、地域の保守政治の賛同が得られる場合になる可能性が高い。反戦平和運動の人たちからは、それだけでも受け入れがたいと言われるでしょう。でも沖縄がこれまでどれだけの犠牲を強いられてきたかを考えれば、それだけで反対する理由は私にはないですね。現実に、日本政府が辺野古建設を断念するとしたら、保守多数派がそれを受け入れたときですからね。

もちろん、そのプロセスで何か不正があってはいけない。非民主的なことがあってはいけない。しかし民意によって引き取られるならば、保守だ保守でないにはこだわる場合ではないと思っています。

金城　おそらく日本人は、米軍基地の実態を知らないのではなく、本当は知りたくない、いや、考えたくないわけですよ。経済的な問題と基地を押し付けているという目的は二つあると思います。本来は押し付けている国家の暴力との共犯化。暴力を沖縄に押し付けているという生き方を止めたいということが、平和に向かうエネルギーであって、基地を受け入れたからといって平和を否定したり、逆行するとは思えない。でも沖縄に対する暴力が小さなものかもしれないけれど、減ると思います。そこでまた新しい議論が起こると思います。

高橋　ヤマトにも基地はあるわけです。ただ残念ながら、日米同盟支持が圧倒的多数派のなかで、地元でも基地反対の声は少数にとどまっているのが現実です。青森、東京、神奈川、山口など、基地はもう耐えがたいという声が多数になれば、本土のなかで「県外移設」を要求する権利だって私はあると思います。

金城　自分は日本の基地が今も残っているというのは暴力性の弱さというのもあると思います。ある程度の許容範囲のなかで基地があるんです。住民に許される範囲の暴力だから。沖縄ではそんな生やさしいものではない。

高橋　それは実際あるでしょうね。

金城　沖縄では何をやってもいいんだみたいな感覚があると思います。その感覚のまま本土で基地が機能できるのかどうか。地位協定もまた、今の地位協定のままでは機能するのが難しくなると思います。

高橋　その方が基地反対につながる可能性があるわけです。目の前に持ってきたほうが。

金城　戦術論的にもそうなんです。暴力という人権の問題でも暴力を続けている人間が平和を語れるかが自分には分からない。平和を望んでいる人が、自分たちの暴力をそのままにして平和を叫んできたから平和（運動）が弱体化したのではないか。

暴力をやめて行く取り組みをする中からしか平和に向かわないいんじゃないのか。そういう意味では沖縄に向けられている暴力をやめることでしか、平和には近づかないいんじゃないのか。日本人が沖縄で米軍基地をなくすという活動は一体どういうことなのか。

暴力を受け入れたままの人間がどうして平和を作り出せますか。それは戦争という暴力と重なるような気がします。平和を守ると言って人を殺せるんですから。土壌は同じじゃないですか。

それは平和が戦争に結びつく。戦争の横顔がよく見ると平和な顔をしている状態、それはもう平和ではない！　そこまで今の平和運動は弱体化していると思うけどね。だから「県外移設」は基地問題にとどまらず、これまでの平和運動への問題提起を含んでいます。平和運動はそのことに答えることなく、無視して、どこにも基地はいらない、全ての基地をなくすと言うだけで、平和の具体化をとびこえ理想だけにすがり続けている。それは怖ろしい思考停止です。

高橋　私が基地引き取りを「日本人としての責任」だと思うと発言したのは、2012年に知念ウシさんと朝日新聞で対談したときでした。鳩山政権が「県外移設」に挫折したあと、復帰40年の年でした。それ以来、引き取りを主張してきて、その論理を一通りまとめた新書（『沖縄の米軍基地　「県外移設」を考える』集英社新書）を出したのが2015年です。

金城　沖縄へ連帯を求めてくる良心的に見える日本人にどう対応したらいいかわからない沖縄人に新書は好評でした。沖縄に移住したり、やってきては連帯を叫ぶ日本人に高橋さんの本をすすめている知人もいました。

■対等な関係を求めています

高橋　「日本人としての責任」などと言うと、ヤマトのリベラルからはただちに「過剰な倫理主義」だとか、「ナショナリズム」だなどというレッテル張りがされるんです。「責任」を言うだけで「倫理主義」と批判されるような風土がある。

ですが私自身はこの問題は倫理的な面もあるけれども、むしろ政治的な選択の問題として考えるべきだと思っているんです。権力関係があるなかでの政治的な選択の問題です。ヤマトが沖縄を植民地主義的に、差別的に、自分たちのため自己利益のために利用してきた歴史。それは政治的な歴史ですし、権力的な歴史です。その政治的な関係、権力的な関係をどう変えることができるか。

ヤマトの知識人の間では、倫理だけでなく「正義」という言葉も嫌われています。正義を求めるなどと言っただけで、「怖い」という反応になる。でも正義、ジャスティスの根本的な観念は対等性です。公平性です。集団のレベルで言えば平等です。私は沖縄への基地押し付けはその意味で正義に反していると思うのです。

金城　自分もそう思いますね。しかし、それでも正義は怖いと感じる部分はやはりあります。だから、対等という言葉を自分の中では重要にしていて、正義とか倫理という言葉はあまり使わないようにしています。

高橋　でも対等な関係を求めるということは、正義を求めるということですよ。正義が怖いというのは、正義を語る人間が暴力的であったり、専制的であったり、一方的であったりする場合でしょう。それは正義の名をかたりながらまさに不正義になっている。正義の名で不正義を行っているのは正義とは違いますね。社会的存在としての人間は正義を求めることをやめることはないでしょう。

金城　自分は正しさの暴力という視点から発言するようにしています。正しさが暴力とつながってくると、弱い方の正しさは潰される。対等であれば、弱くても、数が少なくても違いを認め合わなければならない。少数の正しさは多数の正しさに対等でないと暴力的につぶされる。

沖縄の正しさは常に日本の正しさによってつぶされてきたんではないか。だから対等とつながらない正義ということばはあえて使わない。

高橋　それは分かります。私から見れば、「沖縄の正しさ」をつぶしてきた「日本の正しさ」とは植民地主義です。

■新しい人たちが参加しています

高橋　ながらく運動に関わってきた人たちほど引き取りに対して抵抗が強いですね。これまで運動に関わったことがなくて、ただ沖縄の状況を知って「これはまずいんじゃないか」と感じていた人のほうが、引き取り論に理解を示してくれる傾向があります。

先日の東京のシンポジウムで大阪の松本亜季さんが言っていましたね。

「自分たちが辺野古反対、基地はいらないと言っていた時には、街頭宣伝をしていてもみんな素通りして行ったけど、引き取りの主張をはじめたころから、けっこう、足を止める人が増えた」

安保支持8割と言っても、本当に分かって支持しているかは怪しいです。圧倒的多数は基地がないと不安だとか、北朝鮮もあるし、中国もあるしとか、そこまでも考えなくて、生まれる前からあったので当たり前ぐらいの感覚ではないか。多くの人は日米同盟、今のままでいいじゃないかと賛成しているんです。

沖縄についても「沖縄に基地があるのは当たり前」と思っている人が多いけれども、でも「これ差別でしょう」という話を聞いて、「あ、そうなのか」と思う人が出て来ても不思議ではないんです。

東京のシンポでは各地で引き取り運動をしている人が一人ずつ登壇しました。大阪からは松本さん、福岡からは里村和歌子さん、新潟からは福本圭介さん、東京からは大野浩志さん。

大野さんもいわゆる「普通の市民」ですよ。漠然と「安保があるのは当たり前」と思っていたと言う。安保支持8割のなかにはいる「普通の」ヤマトンチュ。その彼が沖縄の状況を見ていて内心、これはおかしいんじゃないかと思っていたと言うんです。だけどどうしたらいいか全く分からない。そういうなかで引き取りの話を聞いて「あ、これか」と思ったというわけです。読んだり聞いたりするうちに、少しずつ「安保反対とは言わないまでも、差別はおかしいと思うようになった」と、引き取り運動に参加されています。

安保体制を容認している人が多数なんだから、本当はそこに働きかけて、「安保を支持するなら沖縄から基地の引き取りを」と、差別的状況を変える必要がある。ところがこの主張をすると、まず反応してくるのは安保反対の運動家や知識人。反戦平和の人が「とんでもない」と言ってくる。どうしても議論としてはそちらのほうに対応しなくてはならなくなる。

けれども、まずは安保を支持している8割の「普通の」人に考え始めてもらいたいんです。この人たちが考え始めないと変化にはつながらない。

金城　これまで安保破棄とか、反対とか言ってきた人たちは、高橋さんから見たら考えない人？

高橋　いえいえ、そんなことはありません。まず私自身、今でも安保体制は解消をめざしています。問題は、「60年安保」からすでに半世紀以上、安保は廃棄されるどころかますます支持が高まっているのに、これまでと同じスローガンを繰り返すだけで沖縄からの「県外移設」や「平等負担」の声に向き合うことなく、知らんぷりや拒絶を続けている場合です。東京のある研究会でこの話をしたら、「いや、高橋さん、基地を引き取ると言うけれど、運動の担い手がいませんよ」と言われたことがあります。だから非現実的だと。

ところがその後、引き取り運動に取り組む人たちのネットワークが、大阪にでき、福岡にでき、新潟にでき、東京にでき、広がってきた。担い手ができたじゃないですか。担い手がいない、そんなことはなかったんです。非現実的だと言って何もしなければ、そこで止まってしまうんです。

昔の労組や革新団体の華やかなりし頃からみたらほんの小さな運動です。組織の動員とかないんですから。旗を掲げて組織動員で大勢の人を集めていた運動ではなくて、一人ひとりの個人が市民として自分の倫理感で始めた運動なんですよ。

金城　基地問題は政治問題ととらえるのと、差別、人権の問題としてとらえるのとでは、平和という問題も政治問題としてとらえるのでは、違った方向へ行くと思います。

高橋　それは「政治」という言葉の意味によるのではないでしょうか。沖縄差別の問題ですから、倫理や人の生き方にも関わることは当然ですが、沖縄に対する権力の働き方を変えなければどうにもならないという意味では、政治の問題でもありますね。

引き取る会・東京の飯島信さんは「会の目標は引き取りを政治課題にすることだ」とよく言っています。政治的選択肢にしないと現実を変えられないということでしょう。人権の問題であるというのもその通りですが、憲法に従って人権を保障せよという要求ですから、やはり政治の問題でもあります。

金城　それは今までの反戦平和とは違う政治でしょうか？

高橋　反戦平和は倫理的要求ですが、それをどう実現していくかとなれば当然、政治的にどういう選択をするかが問われますね。基地引き取りは私にとっては植民地主義と差別をやめるための政治的選択ですが、同時に反戦平和に至る政治的選択でもあります。しかし反戦平和を純粋に倫理的に考える立場からは、政治的妥協のように見えて嫌われるんでしょうね。

琉球大学の新城郁夫さんに「倫理としての辺野古反基地運動」という論文があります。この場合の「倫理」とは、「ひととして正しい生き方」を指しているように思います。新城さんにとっての辺野古反基地運動は「県外移設」や「引き取り」などとは無縁の、それこそ真善美すべての価値を体現しているものとして描き出されています。

金城　それは究極の正しさです。だから違う意見は受け入れられなくなってしまう。だけど、すっきりしていて楽だろうね。

高橋　ヤマトの反戦運動でも、そういうふうに思いこんでいる人は少なくありませんね。組織に属している人で、個人では実は考えていないという人も多い。自分が属している組織が決めたことだから、伝統的に掲げてきたスローガンだからというだけで疑いもなく唱和しているというかたち。一人ひとりが本当に考えながら行動しているわけじゃない。

金城　なぜ考えずに運動が継続できるのか。不思議なことですが、以前こんなことを言う人がいました。

　平和行進とは、沖縄の米軍基地の存在を拒否する考えや、現状を変えるという考えが根底にあって、そのことを具体化する目的で取り組まれているはずです。にもかかわらず、まるで組合の活動家を作るために沖縄の平和行進があるというのであれば、米軍基地をなくすどころか、減らすことも考えたことがないことになる。

　先ほど、「考えない運動」の批判をしましたが、彼女／彼らは考えていないのではなく、「考え」の中身が明らかに沖縄人とは違っているということだと思います。

　ここで見える日本人の考えは、活動家を作ることが主要な目的になっている。つまり、米軍基地に苦しむ沖縄人の感情を共有することではなく、元気な日本人をつくることなのです。それが「沖縄と連帯する」というのであれば、立場の違った沖縄人と日本人が同じ目的・方向で行動しているという感覚は存在していない、連帯できていないということは明らかではないでしょうか。

「正しい」スローガンと現実がズレている。そのこと自体が問題なのではなく、そのズレに気づいていないことこそが一番大きな問題なのではないか。考え・意識のズレ、理想と現実のズレは常に起こるものであり、そのことに自覚的であれば、そのズレは大きくならない。そのためには、「正しい」スローガン、そして理想に近づくために具体的に何をすべきか。現状を見る力、見たくない事実をも見る力が必要なのではないか。なぜなら、間違いの当事者は国家だけではなく、政治に関わる私たちもそうだからです。

※対談は、２０１７年８月８日、東京大学駒場キャンパス。高橋さんの研究室で持たれました。

対談を終えて

高橋哲哉

金城馨さんは独特の考え方をする人である。幼い頃に沖縄からご両親とともに関西に移り住まれ、差別の中で苦闘しながら、自分とは何か、沖縄人とは何かについて、考えに考え続けてこられた、その人生の重みが「独特の考え方」の独特さを可能にしているのであろう。書物から得られた考え方ではなく、あくまでも自分の体験の中から自分の頭で考えを作り出していく。その風貌も相まって、「大正区の哲人」とでも呼びたいような存在だ。馨さんは沖縄に住むウチナーンチュの立場ではなく、ヤマトに住むウチナーンチュの立場から、沖縄の基地のヤマトへの引き取りを呼びかけている。ヤマトで最初の基地引き取りの市民運動がほかならぬ大阪で誕生したのも、彼の存在と無縁のことではない。私が馨さんの知己を得たのも、私は私でヤマトンチュの立場で基地引き取りを主張し始めたからであった。

早いもので、対談の時からすでに一年余りが経過した。この間、沖縄の状況は目まぐるしく展開し、辺野古新基地建設工事を強行する安倍政権が土砂投入を開始するのではないかと緊張が高まるなか、翁長雄志前知事が埋立承認の撤回を遺言のように表明して急逝すると、県知事選挙で翁長氏の政治的遺志の継承を掲げた玉城デニー氏が圧勝し、「県内移設」

反対の民意がいかに底堅いかが証明された。

引き取り運動も予想外の速さで広がり、大阪、福岡、長崎、新潟、東京に続き、山形、兵庫、滋賀でも発足し、さらに埼玉、北海道にも広がる気配である。政治的成果を勝ち取るにはまだまだ非力だとしても、私が初めて大阪に馨さんを訪ねた頃から思えば、夢のような状況だといっても過言ではない。

他方、最近、東京の小金井市議会で起きた出来事は、従来の「安保反対」勢力がいまだに沖縄の民意に向き合えていない現実を確認したとも言える。普天間基地の代替施設がどうしても必要なら全国を候補地として再検討をという意見書に、「基地はどこにもいらない」から反対するというのは、まさに馨さんの言う「正しい」スローガンと現実とのズレの典型である。このズレをどのようにして埋めていくのかという共通の課題に、それぞれの立場（日本に住むウチナーンチュとヤマトンチュ）を踏まえて取り組んで行きたいと思う。

エピローグ

ひとりごと　あるいは貘との対話

金城　馨

六十五年という人生をふりかえってみると
そのときどき崖っぷちに立たされ
大きく折れまがったように感じたものは
小さな段差でしかなく
沖縄の重力によって刻まれている時間ともいうべき
歴史の中にたどりついた私は
小さな点になっていた
点から立ち上がると
日本の時間が重心を失い
アメリカの重力に引きずられている様がくっきりと見え
「沖縄よどこへ行く」と貘がつぶやくと
「日本よどこに行く」のか時間がひらひらと宙を舞っている

貘のコトバとコトバばっかりの乗り物に勝手に乗り込んで
日本語と沖縄語のスキマをぶらぶらとさまよい
もう少しこの世をひとまわりしてから
グソー（あの世）にむかって「ガンジューですか」と
あいさつしてみたいと思うのです

「夜景」　山之口貘

あの浮浪人の寝様ときたら
まるで地球に抱きついて　ゐるかのやうだとおもつたら
僕の足首が痛み出した
みると、地球がぶらさがつてゐる

「夜景」を遠くの方から眺めていると
コトバと時間がひとまわりする

あの「基地」の寝様ときたら

まるで「沖縄」に抱きついて　いるかのようだとおもったら
僕の足首が痛みだした
　みると、「日本」がぶらさがっている

貘のコトバたちは難しそうな顔をした弁証法の宇宙を
自由自在に飛びまわっているようだ
コトバと時間がもうひとまわりする
　戦争が平和を守るといっている

「人類館事件」からみる沖縄の米軍基地問題

沖縄の米軍基地問題の日本人の意識の根底にあるものが何かを、いわゆる「学術人類館事件」とは何かを重ねることで、考えてみたい。

第五回内国勧業博覧会は1903年3月1日から7月31日までを会期とし、現在の恵美須駅から新今宮、天王寺駅一体を会場として実施された。人類館は博覧会正門の斜め向かいに位置し、数多くあった場外パビリオンの1つである。建物面積は約300坪（敷地面積約350坪）、入場者数は少ない日でも1000人近く、多い日で3000人を超えていた。展示は博覧会終了まで約5カ月間続いた。

人類館発起人である館長西田正俊は博覧会委員であり、展示内容に深く関わった坪井正五郎博士は東京帝国大学人類学教授であった。

また中国人は会期前から抗議（事件化）し、その結果、展示予定から外され、朝鮮人はしばらく展示されたが、その後外された。

【人類館開設趣意書　（明治36年1月14日）

第五回内国勧業博覧会の余興として各国異種の人類を招聘聚集して其の生息の階級、程度、人情、風俗、等各固有の状躰を示すは人類生息に付き学術上、商業上、工業上の参考に於いて最も有要なるものにして博覧会に欠く可からざる設備なる可し然して文明各国の博覧会を観察するに人類館の設備あらざるはなし之れ至当の事と信ず然るに今回の博覧会は万国大博覧会之準備会とも称すべき我国未曾有の博覧会なるにも拘らず公私共に人類館の設備を欠くは我輩らの甚だ遺憾とする所なり爰（ここ）に於いて有志の者相謀り内地に最近の異種人即ち北海道アイヌ、台湾の生蕃、琉球、朝鮮、支那、印度、爪哇（ジャワ）等の七種の土人を傭聘し其の最も固有なる生息の階級、程度、人情、風俗、等を示すことを目的とし各国の異なる住居所の摸形、装束、器具、動作、遊芸、人類、等を観覧せしむる所以なり】

明治以降、「文明開化」した日本は周辺地域を武力によって支配下に置いた。アイヌモシリを北海道に、明治12（1879）年琉球国を沖縄県に。その後周辺地域を拡大させ、日清戦争後、明治27（1895）年台湾を中国から割譲した。

明治政府が掲げた富国強兵策は国家と国民を一体化することにある。そのため、義務教育をはじめ教育制度の確立を急いだ。それは「未開」からの脱却でもあった。「文明開化」

から30年を経て「文明化」した日本を学問（人類学）の成果と役割を指し示すべく気迫が趣意書から生々しく伝わってくるのはそのためであろう。

１９０３年は日露戦争の前年にあたり、植民地の拡大をめざす日本の進路として人類館を立ち止まることなく通過していった。すなわち人類館とは30年後の未来の帝国日本の現実のすがたであった。ならば、人類館事件は事件ではなかったのではないか。

では、今日いわれている人類館事件とは何か。

【同胞に対する侮辱（人類館）　博覧会よりの報に云ふ
　今回の博覧會に就き吾々沖縄人が實に憤慨に堪へざる一事これあり候
　即ち人類館に沖縄の婦人を陳列したること是なり……】

１９０３年4月7日、琉球新報は抗議の社説を掲載した。ここに沖縄人の人類館事件は始まり、5月19日、「人類館陳列婦人の帰県」で沖縄人の展示された人類館事件はひとまず終わった。しかし続きがある。沖縄人がいなくなった人類館を今度は見る側に移動することで、沖縄人の人類館事件は新たにはじまったのである。

人類館は、（1）展示する側（見せる）、（2）展示される側（見られる）、（3）展示を見る側（見る）の3つの関係でなりたっている。（2）において一部事件化したが、（1）、（3）においては全く事件となっていないといえる。（1）（3）における当事者である日本人の人類館事件は事件になっていないことが事件である。ここに学術人類館事件の本質が眠ったままである（２０１６年10月18日、目が覚めたとき、大阪府警機動隊の沖縄北部・高江での「土人発言」として飛び出すことになる）。

沖縄の米軍基地の存在とは何か。基地を押しつける側と押しつけられる側、そしてそれを見ている側との関係でなりたっているといえる。それは「人類館」と重なる。

基地をつくり押しつける側とは国家であっても、それを実行し続けるということは国民の何らかの同意がなければ不可能である。その国民の多くは傍観（見る）することで同意している。国家の暴力を可能にしている現状と、辺野古新基地建設の強行の責任は日本人ひとりひとりにある。

普天間飛行場の辺野古移設という沖縄の民意（声）は、過去の時間を振動させ、眠ったままになっている「人類館事件」の本質をも呼び覚まし、人類館に響き渡って辺野古にこだましている。

基地引き取りという行動は、彼／彼女たちが日本人としての責任を自覚したときから始まる。新たに起きている辺野古新基地建設という、日本政府による暴力「事件」の共犯者という立場でいることをやめようとしている。その姿は、１９０３年に違和感なく通り過ぎてしまった人類館の中にもどり、入り口から入ってくる日本人の流れに逆らってでも入り口から出て行く、つまり自らの沖縄差別と決別する覚悟のようにも見える。

それは、これまでに「事件」にならなかった日本人による「人類館事件」がやっと、基地引き取りという行動で事件化し始めたといえる。

新たに始まったままの沖縄人の人類館事件、すなわち日本人と同じ見る側に回ってしまったことによる人類館事件も、沖縄人自らの手で事件化することが必要であることは言うまでもない。過去に「出会い直す」ことで、暴力や差別の支配から解放された未来に出会うために。

ふたたび　ひとりごと、そして日本人への対話

今回、本を出す作業の中で沖縄人として日本人を生きていることに気づいたことは、新たなコトバの発見であった。

それは私の個人史的体験が沖縄現代史の一部分に重なった感覚をもたらした。がじまるの会の発足と沖縄青年の祭り（現在のエイサー祭り）は沖縄人として生きることにあった。しかしその後、同じ日本人という日本人の無感情と、同じ日本人でないという感情から起こる沖縄ブームによって飲み込まれた。そして日本人として沖縄人を生きる（沖縄人の横顔に日本人の横顔がくっついたような感覚の）沖縄人がはじき出される。

沖縄人は日本人（の胃袋）を回って、日本人を経験したのだ。

その経験は今、沖縄人が再び沖縄人として生きるための土台であるといえる。そこに向かうには日本人を逆回りし、すなわち日本人として沖縄人を生きることから、沖縄人として日本人を生きることにもう一度戻し、それをより強く実感したとき、その先に、「チルダイ」する沖縄人が、ただ沖縄人として生きているそのものが、くっきりと見えてくる。

その実感は、すでに沖縄人の「県外移設」という声（民意）によって現れている。本土に生きる沖縄人にとって、沖縄人としてのみ生きるのは簡単ではないだろう。だからこそ、少しでも近づくために日本人に基地引き取りを問いつつ、またカナグスク・キンジョウ・カオルという沖縄人として日本人を生きてみたいのである。

——私たちに大きな影響と力を与え続ける『無意識の植民地主義』（野村浩也著）を読み返して——

おわりに

大正区沖縄フィールドワークの活動は、大正区に生まれ、あるいは育った3人（金城良明さん、金城勇さん、金城宗和さん）が案内人となり、私・金城馨を含め金城4人組によって取り組んだものである。

それぞれの年齢も違う多様な経験からでてくることばで、沖縄人ひとりひとりの喜怒哀楽を交え、日本社会で生きた沖縄人の足跡を描くものであった。この大正区沖縄フィールドワークの取り組みは3人の存在がなければできなかったし、その後、沖縄（他者）を理解することではなく、沖縄を知ることで日本及び日本人（当事者）を理解するための取り組みとして引き継がれている。

エイサー祭りについてのくだりは、がじまるの会の結成とその後の活動に関わってきた責任として、記録を残す意味も含めて会として一致した見解ではないが、あえて個人的な考えを示すことにした。

そこにひとつのコミュニティーにとって社会の変化と政治がどのように影響をもたらすのか、40数年間続いている会だからこそ、みえてくるものがある。

会の結成当時には見えなかった先人たちの足跡が少しずつ見えてきたことで、その土台の上に私たち自身もまた、一つの足跡としてつながり、エイサー祭りもなりたっている。今はそう実感している。

私にとって正義とは政治的には暴力につながる不安から、あえて距離を置くようにしてきた。高橋さんとの対話の中で正義とは対等性が根底にあるという意味の話があった。私が考えていた正義が一面的な視点であることに気づかされ、ぐらついた状態のままだ。「もうちょっと考える」必要がある。

故翁長雄志元沖縄県知事が急逝したことの無念、くやしさ、悲しみはことばにできるものではなかった。そうした沖縄の人々の想い（民意）が２０１８年９月の県知事選において大差で玉城デニー新知事を誕生させた。沖縄人が向かうべき未来はすでに決まっている。過去の沖縄のように日本の植民地主義に迎合し、従うのではない。「県外移設」を日本人に突きつけ、辺野古に新基地を作らせない、と沖縄ははっきりと意思表示をした。日本人は沖縄にぶらさがれなくなった今も、日本人の未来が日本人の手から離れたまま、はっきりしないように思えてくる。

２０１８年12月14日以降、辺野古への土砂投入という暴挙が進む中、この本の中身が政治状況と一部ずれた内容になってしまったのは、私の怠慢によって出版が遅れたことが原因です。それにもかかわらず、ねばり強く電話とメールでプレッシャーをかけ続けてくれた四方哲さん。忙しい時間をさいて対談していただいた高橋哲哉さん。わかりにくい文章を構成してくださった日置真理子さん、本の出版をこころよく引き受けてくれた解放出版社に、ここに深く感謝するとともに、金城馨なるものの本を出す苦難が悪夢にならず、解放されることを願いたい。

金城　馨

著者略歴

金城馨

1953年、沖縄県コザ市（現沖縄市）生まれ。1歳で兵庫県尼崎市に家族で移り住む。県立尼崎北高校卒。85年、大阪市大正区に沖縄関係の図書を集めた「関西沖縄文庫」を開設。75年から同区内で「エイサー祭り」を続ける沖縄青年の集い「がじまるの会」創設メンバー。

高橋哲哉

1956年、福島県生まれ。哲学者。東京大学大学院総合文化研究科教授。最近の主な著書『犠牲のシステム―福島・沖縄』集英社新書、2012年。『デリダ―脱構築と正義』講談社学術文庫、2015年。『沖縄の米軍基地―「県外移設」を考える』集英社新書、2015年。

沖縄人として日本人を生きる

基地引き取りで暴力を断つ

発行日　2019年3月15日　初版第1刷発行

著者　金城馨

編者　ロシナンテ社
Email:shikatasatoshi@gmail.com

発行所　㈱解放出版社

〒552-0001　大阪市港区波除4-1-37　HRCビル3F
TEL　06-6581-8542
FAX　06-6581-8552

東京事務所
〒113-0033　東京都文京区本郷1-28-36
鳳明ビル102A
TEL　03-5213-4771
FAX　03-5213-4777
http://kaihou-s.com

装幀　鈴木優子

レイアウト・データ制作　日置真理子

印刷・製本　モリモト印刷株式会社

定価はカバーに表示してあります。
乱丁・落丁本はお取り替えいたします。
SBN978-4-7592-6785-3　NDC361　129P　21cm

Printed in Japan